Fledermäuse

beobachten, erkennen und schützen

Klaus Richarz

Fledermäuse

beobachten, erkennen und schützen

KOSMOS

Inhalt

Echos aus einer versunkenen Welt

Ein Ausflug in die Vergangenheit

Wir schreiben das „Untere Mitteleozän", ein Abschnitt des Tertiärs vor etwa 49 Millionen Jahren. Zwischen dem heutigen Frankfurt am Main und Darmstadt, auf dem nördlichen Ausläufer des Odenwaldes, erstreckt sich zu dieser Zeit eine weite Seenlandschaft. In der Umgebung der Seen existiert ein immergrüner, Wärme liebender Wald mit Lorbeer-, Walnuss- und Eichengewächsen. Auch einzelne Koniferen, Palmen und Farne wachsen im tropisch bis subtropischen Klima. In den Flüssen und zahlreichen Seen tummeln sich Krokodile, Schildkröten und Raubfischarten. An Land sind eigenartige Säugetiere unterwegs, die als Urformen heute noch existierender Arten gelten. Foxterrier- und Schäferhund- „große" Urpferdchen, die eher an heutige Ducker-Antilopen als an moderne Pferde erinnern, weiden das Laub von tiefreichenden Ästen ab oder tun sich an Weintrauben und anderen Früchten gütlich. Neben einem Urtapir streifen Ameisenbären und Schuppentiere auf Nahrungs- und Partnersuche umher. Deren Nachfahren sind längst keine Europäer mehr, sondern heute in Südamerika, Afrika und Asien zu finden.

In den Bäumen klettert ein eigenartiges, kleines, langschwänziges Tier, das an jeder Hand zwei enorm verlängerte Finger trägt. Damit stochert der „Langfinger" in Baumritzen und -löchern nach den Larven Holz bewohnender Insekten. Wo nötig, wird mit den starken Schneidezähnen die Rinde aufgebrochen oder ein Bohrloch erweitert. Eine ähnliche Technik beherrschen heute noch, mit einem Langfinger an jeder Hand, das Fingertier auf Madagaskar, ein Lemur, und ein Beuteltier aus Neuguinea.

Nachtjäger

Kaum ist die Sonne am Ende eines warmen Tages versunken und die rabenschwarze Nacht über der Seenlandschaft hereingebrochen, tauchen in der Luft andere „Techniker" auf. Es sind Fledermäuse verschiedener Größe, die hoch über den Bäumen und im Wipfelbereich auf langen, schmalen Flügeln Insekten hinterherjagen. Etwas plumper gebaute Tiere bejagen den Luftraum zwischen den Bäumen in mittlerer Flughöhe. Schließlich tauchen noch Flattertiere auf mit zierlichen Körpern und sehr breiten und großen Flügeln. Sie stellen Klein-

Diese Fledermaus ist im Ölschiefer von Messel erhalten geblieben.

Vampir- und Menschen-Skelett lassen sich gut vergleichen,
wenn beide wie hier auf die gleiche Größe gebracht werden.

schmetterlingen und Köcherfliegen nach. Wo
sich auf Blättern sitzende Motten nur leicht
bewegen, lokalisieren die feinen Fledermaus-
ohren die Beute anhand dieser leisen Krabbelgeräusche. Im freien Luftraum reichen diesen
Fledermäusen ausgesendete Ultraschall-Laute
zwischen 17 und 45 kHz aus, um die Beute
anhand der zurückkehrenden Echos sicher zu
erfassen. Schnell sind die kleinen Fledermaus-
mägen dank des üppigen Nahrungsangebotes
gefüllt. Doch auf einige der eozänen Nachtjäger wartet kein ruhiger, zu verdösender nächs-
ter Tag.

Plötzlich steigen vom schlammigen Grund des
stillen Sees Gase auf. Aus der giftigen Gas-
wolke über dem Wasser gibt es kein Entrinnen.
Einige der Tieffliger fallen, von den Faulgasen
vergiftet, wie trockene Blätter in den See, um,
eingebettet im Seeschlamm, in eine fast ewig
währende Ruhe zu versinken.

Die Grube Messel

49 Millionen Jahre später existiert der einstige
„Todessee" längst nicht mehr. Nachdem an sei-
ner Stelle ab Mitte des 19. Jahrhunderts
zunächst Kohle abgebaut wurde, stieß man
darunter auf Ölschiefer, aus dem eine Firma
bis in die 1960er Jahre Rohöl gewann. Erst der
zunehmende Import des billigeren Erdöls aus
dem Nahen Osten macht den Ölschieferabbau
in Messel bei Darmstadt unrentabel. Letztlich
ungleich wertvoller als das „schwarze Gold"
Erdöl sind die zahlreichen Fossilien von Pflanzen und Tieren, die zwischen den Ölschiefer-
platten wie zwischen Buchseiten in unglaub-
lich gutem Erhaltungszustand auftauchen und
uns so unerhörte Einsichten in das Leben in
einer längst versunkenen Welt ermöglichen.
Wissenschaftler oder andere Erwachsene oder
Kinder: Keiner kann sich der Faszination und

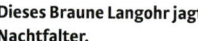

Schönheit dieser Fossilien entziehen, wenn er im weltberühmten Naturkundemuseum Senckenberg in Frankfurt den Naturschätzen aus der inzwischen als Weltnatur-Erbe geschützten Ölschiefergrube Messel gegenübersteht. Doch während Langfinger längst ausgestorben, Urpferdchen durch völlig veränderte, viel „modernere Modelle" ersetzt sind und die Nachfahren von Ameisenbär und Co. auf andere Kontinente zurückgedrängt wurden, umkreisen uns die Urururenkel der eozänen Nachtjäger immer noch.

Millionen Jahre später

Mit Beginn der lauen Frühlingsnächte können wir sie wieder schattenhaft vorbeihuschen sehen, wenn sie den nächtlichen Luftraum um uns mit unerhört hohen Schreien abscannen, um sich aus den zurückgeworfenen Echos ein Hörbild über Hindernisse, Unterschlüpfe und

vor allem fette Beute zusammenzusetzen. Mindestens 50 Millionen Jahre sind die Fledermäuse nun schon erfolgreich mittels High Tech in einer sich vielfach verändernden Welt unterwegs. Manche von ihnen wurden sogar zu heimlichen Begleitern und Untermietern. Alle sind inzwischen von unserem Verständnis ihnen gegenüber abhängig. Einige sogar auf unsere Hilfe angewiesen.

Dabei sind die Zeiten für „Flattermänner" so schlecht nicht: Aus einstigen „Ekeltieren" wurden Fledermäuse vor allem bei Kindern und Jugendlichen zu echten „In"-Tieren. Doch während von den ausgestorbenen Dinos – um weitere „In"-Tiere zu nennen – in Naturkundemuseen nur noch versteinerte Reste zu bestaunen sind und höchstens computeranimierte Filme ihnen ein trickreiches Leben einhauchen, erreichen uns die „Echos" der Fledermäuse nicht nur aus einer längst versunkenen Welt. Auf nächtlichen Wanderungen mit Experten und

dank „Hörhilfen" in Form von Fledermausdetektoren können wir die Tiere live erleben. Gehen wir gemeinsam auf einen Spaziergang zu den Fledermäusen, nehmen Einblicke in die Jagd- und Lebensweisen der Tiere und begleiten die kleinen Nachtflieger durchs Jahr auf ihren Erkundungsflügen bis hin zu ihren Unterschlüpfen. Aus der Faszination an den fliegenden Kobolden der Nacht und dem besseren Verstehen des Fledermauslebens wird am Ende Freundschaft. Versprochen!

Erfolgreiche Erfindungen sind langlebig

Wie man mit ungewöhnlichen Erfindungen Erfolg haben kann, führen uns die Fledertiere vor. Mit derzeit 1116 bekannten Arten sind die Handflügler (Chiroptera) nach den Nagern die zweitartenreichste Säugetier-Ordnung der Erde. Der Erfolg lag buchstäblich in der Luft. Aktives Fliegen und die Fähigkeit, sich auch im Dunkeln zu orientieren, verschaffte den Fledermäusen einen entscheidenden Vorteil gegenüber anderen Säugetierverwandten und den überwiegend tagaktiven Vögeln. Beides beherrschen Fledertiere seit mindestens 50 Millionen Jahren.

Im Dunkeln lässt sich gut speisen

Der Bau des Innenohrs und des Kehlkopfs fossiler Tiere sowie deren Mageninhalte aus der Ölschiefergrube Messel bei Darmstadt (Hessen) verraten, dass Fledermäuse schon damals echoortend nachtaktiven Fluginsekten hinterherjagten.
Nicht die Exklusivität, sondern der konsequente Systemeinsatz zur Orientierung und zum Beuteerwerb zeichnet die Kleinfledermäuse (Unterordnung Microchiroptera mit

834 Arten) unter allen anderen Echoortern – etwa Spitzmäuse, Tenreks, einige Beutel- und Nagetiere oder auch Wale – aus. Dagegen setzen die vegetarisch im Tropengürtel der Alten Welt und in Australien lebenden Flughunde (Unterordnung Megachiroptera mit 167 Arten) ganz auf ihre leistungsstarken Nachtaugen und den hervorragenden Geruchssinn. Lediglich die in Höhlen Quartier machenden Höhlenflughunde setzen in ihren stockdunklen Tagesruheplätzen Klicklaute ein, die ihnen als Echos den Abstand zu Wänden und Ausgang signalisieren. Nicht nur wegen dieser anderen Fähigkeiten ist letztlich die Frage noch offen, ob Fledermäuse und Flughunde einen gemeinsamen Stammbaum haben oder von unterschiedlichen Vorfahren abstammen.

Die meisten fliegen auf Insekten

Mehrheitlich praktizieren Fledermäuse den Insektenfang. So unterschiedlich wie ihre Beute und ihre Jagdgebiete sind dabei die Ortungslauttypen und die Jagdstrategien der Nachtjäger. So praktizieren einige Hufeisennasen-Arten perfekt die Ansitzjagd. An kleine Zweige kopfunter geklammert, orten sie vorbeifliegende Insekten, hechten ihnen kurz hinterher, um wieder zum Ansitzplatz zurückzukehren und dort nach dem Verzehr auf die nächste Speise zu warten. Ganz widerstandslos werden die Insekten allerdings nicht zur Beute der hungrigen Hochleistungsflieger. Als Schutz vor Nachstellungen haben einige Insekten Gehörorgane entwickelt. Trifft sie ein Ultraschall-Peilstrahl, schlagen die Verfolgten Haken oder tauchen einfach in die Vegetation ab.

Einige Fledermausjäger lassen sich allerdings so nicht austricksen. Sie verzichten bei der Beuteverfolgung auf Ultraschallortung und verlassen sich ganz auf die Qualität ihrer meist riesigen Ohren. Schon leiseste Krabbelgeräusche weisen ihnen den Weg zu Fressbarem. Den drei in Südamerika beheimateten Vampirfledermäusen, die sich als einzige Warmblü-

In dieser Sequenzaufnahme ist ein Moment im Flugablauf eines Großen Abendseglers festgehalten.

Diese Große Hufeisennase jagt
zwischen Vegetationslücken und
fliegt zum Ansitzplatz.

ter ausschließlich von Blut ernähren, reichen die gleichmäßigen Atemgeräusche ihrer Blutspender (Säugetiere und Vögel) aus, um zu ihrem Aderlass zu gelangen.

Auf das „Feind hört mit" haben zumindest die Laubheuschrecken im panamesischen Regenwald eine trickreiche Antwort parat: Sie verzichten einfach auf ihr verräterisches Werbekonzert, das ihnen nicht nur Weibchen, sondern auch Heuschrecken suchende Fledermäuse beschert. Die Laubheuschrecken-Männchen machen durch Körpervibrationen auf sich aufmerksam, die sich über Pflanzen bis zur Partnerin ausbreiten, ohne dass hungrige Fledermäuse davon etwas mitbekommen. Manche tropischen Froschmänner stellen beim Auftauchen der südamerikanischen, Frosch fressenden Fledermaus ihr Tümpelkonzert ein. Weil sie giftige von ungiftigen Froscharten an ihren Rufen zu unterscheiden gelernt hat, tarnen sich einige potenzielle Beuteopfer mit perfekt imitierten Rufen ihrer giftigen Verwandtschaft, um sich so vor dem Gefressenwerden zu schützen.

Indische Riesenflughunde *(Pteropus giganteus)* hängen am Quartierbaum.

Männlicher Riesenflughund am Tageshangplatz

Vegetarier mit besonderen Such- und Essgewohnheiten

Rund 30 Prozent aller Fledertiere leben dagegen vegetarisch. In Südamerika wird diese „Planstelle" der altweltlichen Flughunde von Fledermausarten aus der formenreichen Blattnasenfamilie besetzt. Je nach Größe quetschen die Fruchtliebhaber ihre Nahrung an Ort und Stelle aus oder verzehren sie im Flug. Durch das „Verschleppen" von Früchten und das Ausscheiden der Samen tragen tropische und subtropische Fledertiere ganz wesentlich zur Pflanzenverbreitung bei. Mit Radiosendern ausgestattete Blattnasen im tropischen Regenwald von Panama bewiesen, dass sie sieben Prozent der verzehrten Feigen verschleppen und so via Darm für deren Verbreitung sorgen. Auf der Insel Guam im Pazifischen Ozean können 40 Prozent der Baumarten nur dann überleben, wenn ihre Samen durch Flughunde ausgestreut werden.

Die Rolle, die Fledermäuse bei der Bestäubung von Pflanzen spielen, blieb lange im Dunkeln. Heute weiß man, dass sich mindestens fünf Prozent der Flugsäuger so ernähren: Langzungenflughunde in der Alten und Blattnasen-Fledermäuse in der Neuen Welt. Zum Anlocken ihrer Bestäuber verströmen fledermausblütige Pflanzen besondere Düfte, erblühen nachts zur rechten Flugzeit und bilden ihre Blüten an gut erreichbaren „Landeplätzen" wie am Stamm oder langen Stielen. Während die meisten Fledertiere auf den Blüten landen müssen, können die südamerikanischen Langzungen-Fledermäuse als „Kolibris der Nacht" vor den Blütenkelchen rütteln, um dabei mit ihrer überlangen Zunge blitzschnell an den Nektar zu gelangen. Mit zwölf Leckbewegungen in der Sekunde löffelt so der Spitzmaus-Langzüngler rund einen Milliliter Nektar aus der Blüte. Neuste Forschungen konnten zeigen, dass die Langzüngler ihre „Tankstellen" anhand der Echoabbildung der Blütenkelche finden. Sie nehmen sogar das ultraviolette Licht über ihre Stäbchenpigmente wahr, das von den Blüten im kalten Nachtlicht des Regenwaldes besonders stark reflektiert wird. Blütenfledermäuse fliegen trotzdem nicht durch „ein Paradies, wo Milch und Honig fließen". Die Pflanzen halten ihre Nektar- und Pollenrationen immer recht klein, damit ihre Besucher möglichst viele Blüten anfliegen müssen. Von der Wildbanane bis zum Balsaholzbaum reicht im Übrigen die Palette der auf Fledertierbestäubung angewiesenen tropischen Pflanzenarten. Und selbst der weltberühmte Tequilla kann

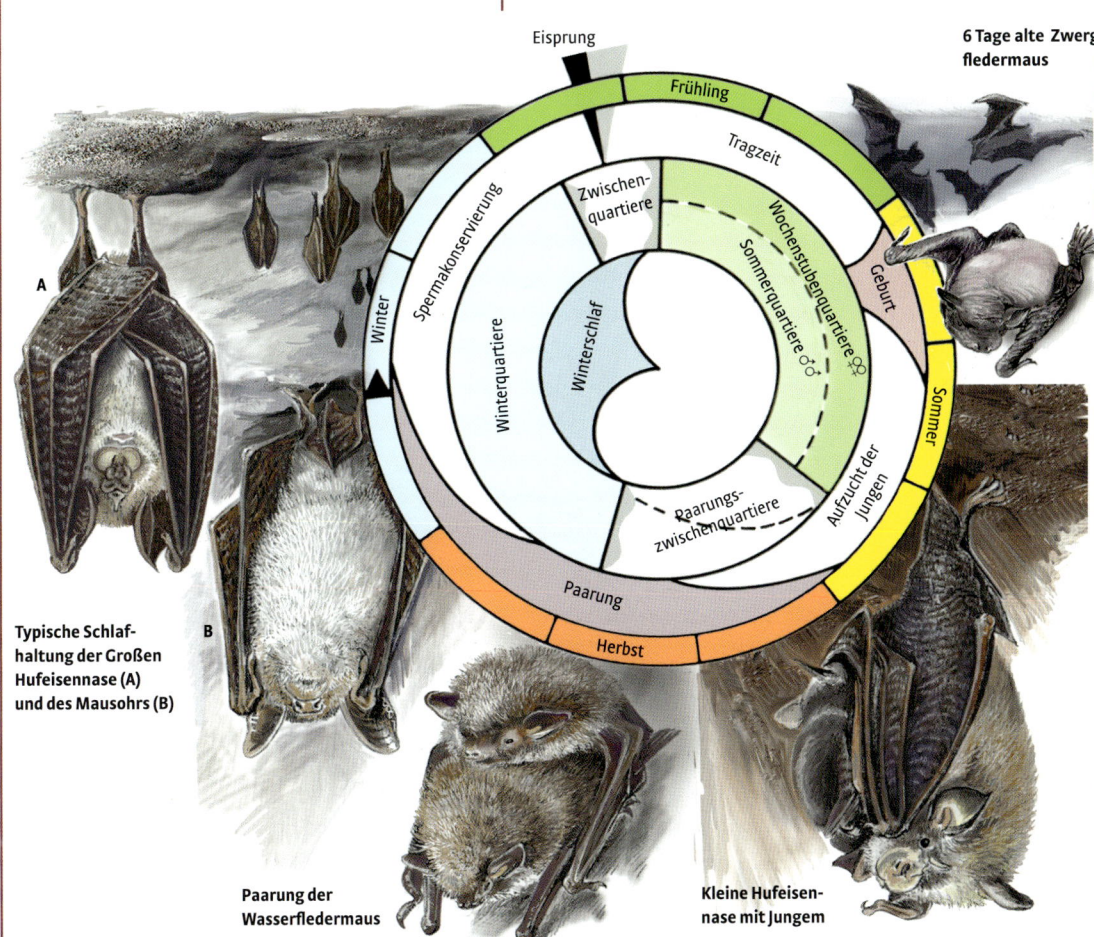

6 Tage alte Zwergfledermaus

Typische Schlafhaltung der Großen Hufeisennase (A) und des Mausohrs (B)

Paarung der Wasserfledermaus

Kleine Hufeisennase mit Jungem

nur hergestellt werden, weil Fledermäuse zur Vermehrung der dazu notwendigen Agavenart beitragen.

Wo Früchte verzehrende Fledertiere in Plantagen auftauchen, werden sie vielfach als Ernteschädlinge verfolgt. Doch Untersuchungen konnten zeigen, dass die Fruchtliebhaber den Farmern sogar einen wichtigen Dienst erweisen. In einer Art Spätlese suchen sie nur sehr reifes Obst und beseitigen bevorzugt überreife Früchte, die sonst als Futter für die Larven der gefürchteten Fruchtfliege dienen würden.

Das Jahr der Fledermäuse

Nach diesem Ausflug in die weite Welt der Fledermäuse wollen wir nun den Fledermäusen in unseren heimischen Gefilden auf die Spur kommen. Lassen Sie uns eintauchen in ihren Jahreslauf und erleben, was es in den verschiedenen Jahreszeiten alles zu entdecken gibt und wie wir den fliegenden Kobolden der Nacht helfen können. Unser Fledermausjahr startet mit dem Wiedererwachen der Langschläfer im Frühjahr.

Fledermaus-Frühling

In lauen Frühlingsnächten sind sie wieder unterwegs. Die fliegenden Kobolde der Nacht haben nach dem langen Winterschlaf ihre Winterquartiere verlassen und sind in ihre Sommerunterschlüpfe umgezogen. Von dort aus fliegen sie allnächtlich in ihre Jagdgebiete, um mit akrobatischen Flugmanövern an ihre Insekten- und Spinnenbeute zu gelangen. So vielfältig die Arten, so unterschiedlich sind auch ihre Jagdstrategien und Vorlieben für bestimmte Jagdgebiete und Beutetiere. „Essen in der Luft" verlangt besondere Tischmanieren. Die Beute kann mit der Flughaut gekeschert, mit den sehr beweglichen Fingern zum Mund geschnipst, in der Schwanzflughaut als „Tisch" oder an speziellen Fraßplätzen hängend verzehrt werden.

Fledermäuse beobachten S. 18

Sie „sehen" mit den Ohren S. 22

Fledermäuse erkennen lernen S. 28

Fledermaus-Lebensräume S. 34

Fledermäuse beobachten

Wenn wir mit Hilfe von High Tech einiges aus dem nächtlichen Fledermausleben erhören und sehen können, geraten wir ins Schwärmen. Jetzt sollten
wir die Nachtflieger auf ihren Beuteflügen begleiten und können dabei einiges über Arten und Lebensweisen erfahren. Durch Anlegen von Fleder-
maus-Beeten im Garten oder die richtige Balkonbepflanzung helfen wir
Fledermäusen satt zu werden und schaffen uns bequeme Beobachtungs-
möglichkeiten.

Die Zwergfledermaus ist
ein winziger, nächtlicher
„Mückenfänger".

Vielversprechende Plätze und „einfache" Arten

Waldränder, Waldwege, Parks und Friedhöfe
mit altem Baumbestand, Teiche, Seen, ruhig
fließende Gewässer mit Ufervegetation, Baumalleen, Hecken, Straßenlampen, wilde Gärten,
geschützte Gartenhöfe, Bauernhöfe mit Kuhställen und Mistgruben sowie Streuobstwiesen:
Es gibt viele vielversprechende Stellen, an
denen wir erfolgreich fliegende Fledermäuse
beobachten können.

Die neugierigen „Zwerge" fliegen oft dicht an
Menschen heran. Bei etwa 45 kHz sind ihre
Rufe im Detektor zu hören, die sich wie auf
den Boden fallende Perlen anhören.

Die Zwergfledermaus

Als unsere kleinste und als relativ weit verbreitete Art verlässt sie schon kurz nach Sonnenuntergang ihr Tagesschlafversteck, um früh in
der Dämmerung in schnellem Zick-Zack-Flug
im Schein von Straßenlampen, dicht an Gebü-
schen, unter überhängenden Zweigen von großen Bäumen an Waldrändern, Gewässerufern
und in Parkanlagen jede Nacht tausende von
Mücken und kleinen Nachtfaltern zu jagen.

Die Breitflügelfledermaus

Die auffällig große Breitflügelfledermaus fliegt
ab Dämmerungsbeginn langsam und oft sehr
niedrig entlang von Baumalleen, beleuchteten
Straßen, über Wiesen, Weiden und über Wasser. Wenn der Fledermausdetektor auf 30 kHz
eingestellt ist, kann man die Rufe der Breitflügelfledermaus hören, die wie eine schnelle
Dampflok klingen.

Die Beobachtung jagender
Fledermäuse ist für Groß
und Klein ein spannendes
Naturerlebnis.
Das Bild links zeigt eine
Breitflügelfledermaus.

Jagdflüge und typische Jagdreviere von drei häufigeren Fledermausarten:

Der Große Abendsegler (oben) jagt schon in früher Dämmerung am freien Himmel und in Sturzflügen über Baumwipfeln, Parklichtungen, Wiesen und an Gewässern.

Die Wasserfledermaus (Mitte) dreht im schnellen, schwirrenden Tiefflug ihre Runden über stille Gewässer, um ihre Beute dicht über oder auf dem Wasser zu fangen.

Die Zwergfledermaus (unten) huscht in wendigen Flügen um Büsche, Bäume oder Straßenlaternen den Insekten hinterher.

Der Große Abendsegler

Auf schmalen, langen Flügeln mit ca. 40 cm Spannweite jagt er in schnellem, großräumigem Flug am freien Himmel in und über Baumwipfelhöhe, Wiesen und Gewässern nach Käfern, Nachtfaltern und Köcherfliegen. Typische Jagdflugräume sind Flusslandschaften und Feuchtgebiete mit größeren, offenen Wasserflächen. Auch im Luftraum über großen, asphaltierten Parkplätzen oder über Mülldeponien, also Flächen, über denen sich in der erwärmten Luft Insekten sammeln, sind Abendsegler oft schon kurz nach Sonnenuntergang zu beobachten. Gegen den hellen Abendhimmel sind Abendsegler auf den ersten Blick leicht mit noch jagenden Mauerseglern oder Schwalben zu verwechseln. Abendsegler fliegen schnell und machen oft rasante Sturzflüge. Auf etwa 20 kHz sind im Fledermausdetektor ihre „Plip-Plop"-Rufe zu hören.

Wasserfledermäuse und der Trick mit der roten Folie

Zur Beobachtung jagender Wasserfledermäuse kauert man sich am Ufer von stehenden oder langsam fließenden Gewässern nieder, hält eine Taschenlampe, die vorne mit roter Folie beklebt ist, knapp über dem Wasser parallel zur Wasseroberfläche und leuchtet damit ruhig auf die Wasserfläche hinaus. Durchfliegt ein Tier unseren Lichtstrahl, folgt man ihm mit dem Lichtkegel. Mit dem Rotlicht lassen sich die Tiere länger beobachten. Hellem Scheinwerferlicht weichen sie nämlich aus. Wasserfledermäuse fliegen in der späten Dämmerung aus ihrem Quartier. Sie jagen längere Zeit in gleichen Runden in wendigen, schnellen Schwirrflügen dicht über der Wasseroberfläche. Hauptsächlich erbeuten sie im Tiefflug Mücken, Schnaken und Fliegen. Durchschnittlich schnappt eine Wasserfledermaus alle vier Sekunden zu. Die Beute wird oft mit den Füßen oder der Schwanzflughaut von der Wasserober-

Die Wasserfledermaus jagt über insektenreichem Gewässer.

fläche weggefangen. Bei 42 kHz ist im Detektor das trockene Knattern der Art zu hören. Wenn eine Wasserfledermaus in der Nähe jagt, lassen sich im Detektor deutlich so genannte „Feeding-Buzzes" hören. Diese entstehen wegen der enormen Steigerung der Wiederholungsrate ihrer Suchpeilrufe, wenn die Wasserfledermaus ein Insekt entdeckt hat und gezielt ansteuert. Der „Feeding-Buzz" ähnelt in der letzten Phase vor dem Zuschnappen einem Triller, der aber viel schwächer als die vorangegangenen Suchpeilrufe ist. Die Fangaktion lässt sich im Lichtkegel der Taschenlampe immer dann gut beobachten, wenn die Beute von der Wasseroberfläche aufgenommen wurde. Auch ertrunkene Falter und selbst kleine Fische werden so erbeutet. Kreisrunde Wasserringe verraten den „Tatort". Unmittelbar nach dem Fangerfolg ist es für kurze Zeit still. Die Wasserfledermaus ist mit Kauen und Schlucken beschäftigt: „Mit vollem Mund spricht man schließlich nicht!"

Um Jagdflüge über dem Parkteich (s. oben) zu beobachten, gehen die Fledermausfreunde entlang der „Flugstraße" der Wasserfledermäuse – hier durch eine Baumallee .

Sie „sehen" mit den Ohren

Das Sehen bestimmt unser „Weltbild" wie das vieler anderer Tiere. Selbst die meisten Arten, die nachts auf Jagd gehen, orientieren sich größtenteils mit den Augen. Dagegen haben Kleinfledermäuse bei der Orientierung und dem Beutefang ganz auf die Echoabbildung gesetzt, bei der ein Sender (Kehlkopf) Ortungslaute erzeugt. Die zurückkehrenden Echos werden vom Empfänger (Ohren mit nachgeschalteten neuronalen Systemen) ausgewertet.

Graues Langohr: Seine großen Ohren lassen den
Lauschjäger erahnen (s. li.).

Nachteile der Echoabbildung

Obwohl sich Fledermäuse – wie wir bereits
wissen – seit 50 Millionen Jahren sehr erfolgreich vom Sonnenlicht unabhängig gemacht
haben, birgt die Echoabbildung gegenüber der
optischen Abbildung natürlich auch Nachteile:

1. Aktives Orientieren durch Orten kostet
   Energie.
2. Während die Außenwelt beim Sehen ständig
   abgebildet wird, „blitzt" die akustische Abbildung der Umgebung immer nur strobosko-
   pisch auf, nämlich dann, wenn die Fledermaus einen Laut aussendet („Leben in
   Momentaufnahmen").
3. Gegenüber dem Gesichtsfeld eines Säuge-
   tiers ist das Echoabbildungsfeld einer Fledermaus auf Grund der relativ kleinen Schall-
   keule sehr eingeengt. Fledermäuse haben
   quasi einen „Tunnelblick".
4. Auf Grund der Abschwächung der Schall-
   energie in der Luft ist die Reichweite der
   Echoabbildung sehr begrenzt. Fledermäuse
   können meist nur unter 20 Meter, maximal
   50–60 Meter Reichweite hören.
5. Hohe Schallfrequenzen erzielen eine bessere
   Strukturauflösung, allerdings bei geringerer
   Reichweite.

„Motor" (d.h. Selektionsdruck) für die Entwicklung des fantastischen Echoortungssystems
war wohl weniger ihr Übertagen in stockfinste-
ren Höhlen als vielmehr ihre nächtliche Jagd
auf kleine, fliegende Insekten.

Wie funktioniert das mit dem Schall?

Schall pflanzt sich in der Luft als Welle unterschiedlichen Drucks fort (Schallwelle), wobei
die Welle nicht auf- und abschwingt wie eine
Wasserwelle, sondern der Druck in Ausbrei-
tungsrichtung variiert. Technische Geräte
(Mikrofone) wandeln die Druckschwankungen
in elektrische Spannungswellen um, die weiter
verarbeitet (analoge Elektronik, Computer),
aufgezeichnet (Tonband, Computer) oder, nach
Rückwandlung in Druckwellen, auch wiedergegeben werden können (Lautsprecher). Die
Schallwelle wird durch zwei wichtige Maße
definiert: Die Schwingungszahl pro Sekunde
(Frequenz) und die Größe der Auslenkung
bzw. Amplitude der Druckschwankungen. Der
Bereich der von uns hörbaren Druckschwankungen ist sehr groß. Außerdem reagiert unser
Hörempfinden nicht linear auf Schalldruckstei-
gerungen. Deshalb wird anstelle der linearen
Druckangabe (z. B. in Pascal) das logarith-
mierte Verhältnis des Druckes zur geringsten
von uns noch hörbaren Druckschwankung von
20 µPascal, das Dezibel (dB) verwendet. Wir
unterhalten uns bei 60–70 dB und erreichen
mit Schreien 90 dB. Lauter sind Fledermäuse
(100–110 dB) und Presslufthämmer (120 dB)!

Die Breitflügelfledermaus
ortet vor dem Start.

Hausmutter: Dieser Nacht-
falter wird von einigen
Fledermäusen auch dann
geortet, wenn er sitzt.

Tonhöhen misst man in Hertz (Hz). Durch-
läuft eine Schallwelle einmal pro Sekunde
einen vollen Zyklus von einem zum nächsten
Maximum, hat der Ton eine Frequenz von
1 Hz. Da der Schall in Luft etwa 340 Meter pro
Sekunde zurücklegt, hat diese Welle eine Länge
von 340 m. Bei 1000 Schwingungen pro
Sekunde hören wir 1 Kilohertz (kHz), die Wellenlänge ist 340 mm. Je größer die Schwingungszahl pro Sekunde (Frequenz), desto
geringer ist die Wellenlänge des Signals. Damit
haben wir auch schon den Grund, warum Fledermäuse hochfrequent im Ultraschallbereich
orten müssen.

Kleine Beute erfordert hohe Frequenzen

Wellen können nur Gegenstände abbilden, die etwa im Größenbereich der eigenen Wellenlänge liegen, oder größer sind. Um eine 5 mm kleine Mücke abbilden zu können, muss die Frequenz bereits 60 kHz und mehr betragen! Die Höhe der Schwingungszahl hat allerdings ihre Grenzen. Zum einen in den anatomischen Vorgaben für die Schallerzeugung (Luftröhre), zum anderen darin, dass bei höheren Frequenzen die Abschwächung der Signale in der Luft rasch zunimmt. Hochfrequente Signale funktionieren also nur im Nahbereich. Insekten unter einer gewissen Größe können dementsprechend nur im Nahbereich geortet werden.

Unterschiedliche Peilrufe

Natürliche Signale bestehen nicht nur aus einer Welle, sondern in der Regel aus zahlreichen Frequenzen, die zusammen einen Ton bilden. Bis auf die Hufeisennasen senden alle anderen heimischen Fledermausarten kurze Peilrufe aus, die sehr schnell von hohen zu niedrigen Tonhöhen abfallen („frequenzmodulierte" Rufe). Die Rufe der Hufeisennasen steigen dagegen kurz an, verbleiben auf einem recht konstanten Frequenzanteil, um mit einem abwärts modulierten Teil zu enden. Weil die Hauptenergie der Signale im konstantfrequenten Rufteil liegt, werden diese Rufe als „konstantfrequent" bezeichnet.

Die Zweifarbfledermaus ortet mit geöffnetem Maul.

Aus Echos Schlüsse ziehen

Die zurückkehrenden Echos verraten den Fledermäusen nicht nur die Beute oder eventuelle Hindernisse, sondern auch die Entfernung (Schallgeschwindigkeit). Selbst die Richtung verrät das Echo durch geringfügige Laufzeit- und Lautstärkenunterschiede beim Auftreffen auf die Fledermaus-Ohren. Was jedoch theoretisch so „einfach" klingt, birgt in der Praxis noch ganz andere Probleme. Zur Vermeidung eines heillosen „Echosalats" muss sich die Fledermaus voll auf den Informationsgehalt des zurückkehrenden Echos ihres eigenen Peillautes konzentrieren und alle anderen störenden Echos ausblenden können. Dies gelingt unseren Nachtfliegern ebenso mühelos wie das Messen von Echos von weniger als einer Millisekunde Laufzeit!

Hörhilfen für Fledermausjäger: Detektoren

Eine gute Möglichkeit, Fledermäuse und ihre Jagdgebiete ohne Störungen für die Tiere festzustellen, ist durch den Einsatz eines Fledermausdetektors gegeben. Über ein Mikrofon werden die Ultraschallsignale der Fledermaus aufgenommen und vom Detektor in Frequenzen übersetzt, die auch für das menschliche Gehör wahrnehmbar sind. Beim Einsatz des Fledermausdetektors hört man über den Lautsprecher oder den Kopfhörer des Geräts verschiedenste Töne. Während sich die konstantfrequenten Rufe der Hufeisennasen im Detektor wie kurze Pfiffe anhören (neben Piepsen ein dumpfer, lang andauernder Ton, der mit einem dunklen Knallen endet), lassen sich

die Rufe der anderen Arten nach zwei Hörein-
drücken unterscheiden. „Trockene" Laute ergeben über den Detektor einen „knackenden oder
ratternden" Höreindruck, wie z. B. bei den tief
über dem Wasser jagenden Wasserfledermäusen. „Nasse" Laute (frequenzmodulierte Laute
mit konstantfrequenten Endbereichen) klingen
über den Detektor wie langsam oder schnell,
unregelmäßig oder regelmäßig fallende Was-
sertropfen (z. B. Peilrufe von Abendsegler und
Zwergfledermaus).
Die Ultraschall-Laute werden von den Fledermäusen wie Werkzeuge eingesetzt. In unterschiedlichen Umgebungen (z. B. über Wasser
oder an der Vegetation) setzt eine Fledermaus
unterschiedliche Peilrufe ein. Die Rufe von verschiedenen Arten in gleicher Umgebung können sehr ähnlich klingen. Eine Unterschei-
dung der Arten an ihren arttypischen
Ortungsrufen ist zwar möglich, die sichere
Artbestimmung ausschließlich anhand der
Rufe ist aber selbst für erfahrene Fledermausexperten nur selten möglich. Zur sicheren
Identifizierung sind gleichzeitige Sichtbeobachtungen des Flug- und Jagdverhaltens, Auf-

zeichnungen der Rufe und eventuell sogar Netz-
fänge der Tiere erforderlich. Der Fledermausforscher auf dem Foto oben hört während der
Aufnahme der Rufe der Fledermäuse über den
Kopfhörer mit und analysiert diese mit seinem
PC und einer speziellen Software. Gleichzeitig
beobachtet er auch noch ihr Flugverhalten.
Im offenen Luftraum jagende Arten orten mit
Frequenzen von ca. 16–34 kHz (z. B. Abendsegler, Bulldoggfledermaus). Die Frequenzen
der Jäger im Luftraum zwischen der Vegetation
liegen zwischen 35–58 kHz (z. B. Zwerg-, Rauhautfledermaus, Mausohr), während über
Gewässer jagende Fledermäuse den Frequenzbereich von ca. 50–75 kHz nutzen (z.B. Wasser-,
Teichfledermaus). Dagegen brauchen Fledermausarten, die dicht über der Vegetation nach
Beute suchen oder als Ansitzjäger unterwegs
sind, besonders fein abbildende, das heißt
hohe Frequenzbereiche. Solche Spezialisten
(z. B. Bechsteinfledermaus, Hufeisennasen)
nutzen Frequenzen von ca. 70 bis über 100 kHz.
Nach diesem Prinzip sind nicht nur unsere
heimischen Arten, sondern alle Nachtjäger
weltweit unterwegs.

Fledermäuse erkennen lernen

Weil wir sie oft nur wenige Augenblicke und in der Regel bei ungünstigen Lichtbedingungen beobachten können, ermöglicht oft erst die Kombination verschiedener Merkmale die Feldbestimmung von fliegenden Fledermäusen, also die Bestimmung während der Beobachtung draußen. Kenntnisse über das Flugverhalten und die Ortungsrufe helfen ebenfalls bei der Bestimmung. Detektoren leisten hier außerdem sehr gute Dienste.

Große Mausohren (unten und links) fliegen spät aus.

Wichtige Erkennungskriterien

Bei der Feldbestimmung der Fledermäuse sind folgende Parameter von großer Bedeutung:

Erscheinungszeitpunkt

Einige Arten fliegen deutlich früher als andere aus ihren Quartieren. Der Zeitpunkt kann ein Artinweis sein. Der Große Abendsegler, die Breitflügelfledermaus und die Zwergfledermaus gehören z. B. zu den früh ausfliegenden Arten, die Mitte Juli ab ca. 22:00 Uhr, Mitte August ab ca. 21:00 Uhr zu beobachten sind. Später ausfliegende Arten wie Wasserfledermaus und Großes Mausohr tauchen Mitte Juli ca. 22:45 Uhr, Mitte August ca. 21:45 Uhr auf.

Größe

Auch der Größenvergleich fliegender Fledermäuse mit bekannten Vogelarten kann bei der Arterkennung hilfreich sein. Zu den Fledermäusen mit einer Flügelspannweite von 30–40 cm, die die Größe von Mauerseglern oder Staren erreichen, zählen der Große Abendsegler, die Breitfügelfledermaus und das Große Mausohr. Der Großteil der Fledermäuse kommt auf eine Spannweite von 20–30 cm und besitzt damit etwa Schwalben- oder Sperlingsgröße: z. B. Zwerg-, Bart-, Wasser-, Fransen-, Bechsteinfledermäuse und Langohren. Voraussetzung für das Erkennen der Größe wie die Ansprache der Flugsilhouette ist das Beobachten vor hellem Hintergrund.

Silhouette

Eine staren- oder mauerseglergroße Fledermaus mit lang ausgezogenen, mauerseglerähnlichen Flügeln und einer keilförmigen Schwanzflughaut ist wahrscheinlich ein Abendsegler. Ein gleich großes Tier mit breiten Flügeln und einer zipfligen Schwanzflughaut könnte eine Breitflügelfledermaus sein. Letztere schlägt ihre Flügel beim Flug nicht bis unter den Körper durch und besitzt damit eine deutlich geringere Flügelschlagamplitude als der Große Abendsegler, dessen Flügelschlag bis weit unter den Körper reicht. Ragen in der Flugsilhouette die Ohren deutlich über den Kopf hinaus, haben wir wahrscheinlich Bechstein- oder Langohrfledermäuse vor uns.

Flugraum und Flugverhalten

Nachdem eine Fledermausart auch mehrere Jagdstrategien haben kann, ist eine Artbestimmung nach Jagdgebiet und Jagdverhalten nur sehr eingeschränkt möglich. Wasserfledermäuse, Mausohren und Langohren fliegen z. B. dicht über Gewässern, Boden oder entlang der Vegetation. Andere, wie der Große Abendsegler, jagen im offenen Luftraum oder in Baumkronenhöhe. Einen unkalkulierbaren, hektischen Bogen- und Schleifenflug zeigt die Zwergfledermaus, während die Breitflügelfledermaus in gleichmäßigen, sich wiederholenden Bahnen fliegt. Unsere beiden Bartfledermäuse nutzen gerne Wege und Schneisen, die sie oft regelmäßig auf- und abfliegen und jagen dabei sehr gewandt in 1–6 m Höhe.

Ganz schön unterschied-
lich: Großes Mausohr (li.)
und Zwergfledermaus (re.)

Beobachtungstipp: spät fliegende Arten

Für spät fliegende Arten sollte man zunächst Stellen aussuchen, an denen die Tiere vor einem hellen Hintergrund zu sehen sind. Hier beobachtet man vom Dunkeln ins Helle blickend (z. B. Waldränder, Lücken im Kronendach, Waldlichtungen und -wege mit offenem Kronendach, Waldgewässer). Günstig für die Bestimmung ist, wenn sich die Tiere über einen längeren Zeitraum regelmäßig beobachten lassen. Geeignete Jagdareale mehrerer Arten, die gut zu überschauen sind, können sein: Gewässer, Waldränder, Waldwege, Waldlichtungen. Der Einsatz von Scheinwerfern kann bei der Feldbestimmung hilfreich sein. Weil sich Fledermäuse von bewegtem Weißlicht offensichtlich gestört fühlen, sollten die Scheinwerfer mit Rotlichtfolien überzogen werden. Das Erkennen der Fellfarbe ist dann allerdings schwieriger. Mit der Taschenlampe sollten wir die Spätflieger immer nur kurz anleuchten.

Ortungsrufe

Unter Berücksichtigung von Jagdstrategien, Klangbildern und Hauptfrequenzen lassen sich mithilfe des Detektors die Arten bestimmen. Dazu finden Sie in der Tabelle einen Überblick über die wichtigsten Arten und ihre Ortungsrufe.

Während sich früh fliegende Arten beim Ausflug aus ihrem Quartier, dem Flug ins Jagdgebiet und beim Jagen relativ gut beobachten lassen, treten bei spät ausfliegenden eine Reihe von Schwierigkeiten auf. Die Tiere können schwer zu entdecken sein, weil sie dicht über dem Boden fliegen (Mausohren, Langohren, Bechsteinfledermäuse), an und in dichter Vegetation jagen (Langohren, Bechstein-, Fransen-, Wimperfledermäuse) oder im Detektor auch über geringe Distanzen (3–5 m) nur ausgesprochen leise bzw. überhaupt nicht zu hören sind (Langohren, Bechstein-, Fransen-, Wimperfledermäuse). Hufeisennasenrufe sind durch ihr typisches An- und Abschwellen charakterisiert und erinnern an die flötenartigen Fluggeräusche von Enten.

Art	Wo fliegt sie?	Rufe	Frequenz/Empfang
Wasserfledermaus	tief über Wasseroberfläche	trockener, stakkatoartiger Zweitaktrhythmus (tikete-tikete-tikete-tikete)	Hauptfrequenz bei etwa 45 kHz
Große Bartfledermaus	entlang von Waldwegen	trockener, sehr regelmäßiger Rhythmus (dig-dig-dig), der an das Ticken einer Uhr erinnert	keine deutliche Hauptfrequenz, gut zu empfangen bei 45–50 kHz
Kleine Bartfledermaus	entlang von Waldwegen	im Detektor von der Großen Bartfledermaus nur durch Spezialisten zu unterscheiden	keine deutliche Hauptfrequenz, gut zu empfangen bei 45–50 kHz
Fransenfledermaus	zwischen den Baumkronen jagend	sehr trockene, zum Teil unregelmäßige (dig-dig-dig) Rufe	keine deutliche Hauptfrequenz, gut zu empfangen bei 45–50 kHz
Bechsteinfledermaus	dicht entlang der Waldvegetation	trockene, schnelle (ticke) Rufe	keine deutliche Hauptfrequenz, gut zu empfangen bei 45–50 kHz
Großes Mausohr	Bodenjagd in offenen Buchenbeständen oder auf sandigen Waldwegen	meist trockene, hart klingende, recht gleichmäßige Laute (tek-tek-tek-tek)	Hauptfrequenz bei etwa 35 kHz
Großer Abendsegler	im offenen Luftraum über Wiesen und Gewässer	nasse, zweigeteilte aufeinander folgende Rufe (plip-plop)	Hauptfrequenz der beiden Rufe bei 23–25 bzw. bei 19–20 kHz
Kleiner Abendsegler	im offenen Luftraum über Wiesen und Gewässer	nasse, zweigeteilte aufeinander folgende Rufe (plip-plop)	Hauptfrequenz der Rufe bei 30 bzw. 25 kHz
Nordfledermaus	entlang von Waldrändern	nasse Laute, langsamer, unregelmäßiger Rhythmus	Hauptfrequenz bei 30 kHz
Breitflügelfledermaus	entlang von Waldrändern, über offenen Waldwegen	nasse Laute, gleichmäßiges dampflokartiges Tjappe, Tjappe, Tjappe	Hauptfrequenz meist bei 27–30 kHz
Zweifarbfledermaus	entlang von Waldrändern	nasser Laut, ähnlich dem der Breitflügelfledermaus, etwas langsamer	Hauptfrequenz bei 25 kHz
Rauhautfledermaus	entlang von Waldwegen, Lichtungsbereichen und Hecken	nasse Laute, die schwerer klingen und mehr holpern als bei der Zwergfledermaus (papapa-papa-papapapap)	Hauptfrequenz bei 38–40 kHz
Zwergfledermaus	entlang von Waldwegen, Lichtungsbereichen und Hecken	nasse Laute, mitunter in sehr unregelmäßigem Rhythmus (pipi-pupu-pipipupupupu)	Hauptfrequenz bei 43–45 kHz
Braunes Langohr	direkt an der Vegetation	sehr leise, schnelle Rufe (töck)	bei 35 und 50 kHz etwas deutlicher zu hören
Graues Langohr	direkt an der Vegetation	wie Braunes Langohr, nur durch Spezialisten zu unterscheiden	bei 35 und 50 kHz etwas deutlicher zu hören
Mopsfledermaus	entlang von Baumkronen	kurzes, hartes, etwas nasses Ticken mit relativ deutlichem Oberton	Hauptfrequenz bei 33–35 bzw. bei etwa 65 kHz

Methoden beim Detektor-Einsatz

Selektiv-Methode für Arten

Die unterschiedlichen Biotoptypen eines Gebietes werden auf das Vorkommen einer bestimmten Fledermausart untersucht. Dazu wird der Frequenz-Einstellknopf des Detektors in dem für die betreffende Art charakteristischen Bereich fixiert. So können die bevorzugten Jagdbiotope einer bestimmten Art identifiziert werden.

Selektiv-Methode für Biotope

Alle Biotope eines bestimmten Typs werden innerhalb eines Gebietes (z. B. Messtischblatt) aufgesucht. Die dort vorkommenden Fleder-

mäuse werden protokolliert. Dadurch lassen sich Aussagen über wichtige Fledermaus-Jagdreviere in einem Gebiet machen. So kann z. B. das Jagdgebiet und -verhalten von Wasserfledermäusen an einem Flusslauf von mehreren, mit Detektor, Taschenlampe und ggf. Funksprechgerät ausgerüsteten Personen untersucht werden.

Such-Methode für Quartiere

Besetzte Höhlenbäume können an den lauten Sozialrufen vom späten Nachmittag an mit Detektor festgestellt werden (teilweise auch mit bloßem Ohr hörbar). Es kann aber auch ein fledermausverdächtiges Gebäude (z. B. alte Kirche) oder kleines Waldstück von mehreren Personen mit Detektor umstellt und auf ein- oder ausfliegende Tiere überprüft werden.

Dieser Große Abendsegler ist gerade aus der Baumhöhle gestartet.

Gitterpunkt-Methode

Über ein Gebiet wird auf der Karte ein Gitternetz gelegt. An den Kreuzungspunkten des Gitters werden im Gelände – so weit erreichbar – jeweils über eine bestimmte Zeit (z. B. 5 oder 10 Minuten) Detektoruntersuchungen durchgeführt. Damit lässt sich einigermaßen repräsentativ ein Überblick über die Fledermausfauna dieses Gebietes erzielen.

Linientransekt-Methode

Eine bestimmte Strecke (z. B. ein Rundweg) wird mit Detektor zu Fuß, mit dem Fahrrad oder dem Auto nach Fledermäusen abgesucht. Einige „leise" Arten sind aus dem Auto heraus kaum oder nicht erfassbar. Regelmäßige Wiederholungen vermitteln einen Eindruck über die jahreszeitliche Aktivität der Tiere.

Am besten teilt man sich mit ein bis zwei weiteren Personen die Geländearbeit, wobei neben dem Detektor-Beobachter einer für das Protokoll und ein zweiter für die Sichtbeobachtungen (mit Taschenlampe) zuständig ist. Für eine spätere Auswertung sind neben der Artangabe folgende Daten festzuhalten: Datum, Uhrzeit, genauer Ort, Biotopbeschreibung, Wetter, auffälliges Verhalten, oberste und unterste Frequenz des Rufes, Frequenz der höchsten Intensität. Ultraschalldetektoren helfen auch bei: Ein- und Ausflugzeiten in die Quartiere, Feststellung von Flugrouten, Durchzug von Fledermäusen, Balzverhalten, Verhalten gegenüber Artgenossen, Jungtieren, anderen Arten. Die Ein- und Ausflüge an Tages- und Winterquartieren können automatisch registriert werden, wenn ein so genannter „sprachgesteuerter" Rekorder an den Detektor angeschlossen wird.

Große Abendsegler sind
eher in Bäumen ...

... Breitflügelfledermäuse
eher an und in Gebäuden zu
finden.

Fledermaus-Lebensräume

Der Lebensraum Wald wird von all unseren Fledermausarten genutzt, wenn auch in unterschiedlich intensiver Form. Einige bilden dort immer wieder Wochenstuben. Wälder, Waldränder und Bestandslücken sind regelmäßiger Bestandteil ihres Streifgebietes. Der Einsatz von Nistkästen im Wald hilft, das Quartierangebot für Fledermäuse zu erhöhen und aufrecht zu halten. Die Insekten- und Spinnenjäger können sogar zu gern gesehenen Gartenbesuchern werden, wenn Sie dort die Lebensbedingungen für die Beutetiere entsprechend fördern.

Diese Bechsteinfledermaus startet aus einem Nistkasten zum Jagdflug.

Wälder sind für alle da

Alle regelmäßig bei uns auftretenden Fledermausarten nutzen den Lebensraum „Wald", wenn auch in unterschiedlich intensiver Form. Wochenstuben im Wald bilden regelmäßig Bechsteinfledermaus, Fransenfledermaus, Braunes Langohr, Abendsegler, Kleinabendsegler, Große Bartfledermaus, Wasserfledermaus, Mopsfledermaus und Rauhautfledermaus. Von Kleiner Bartfledermaus, Wimperfledermaus, Mausohr, Zwerg- und Mückenfledermaus nutzen nur gelegentlich einzelne Individuen, zumeist Männchen, natürliche Baumquartiere. Wochenstuben im Wald scheinen für diese Arten die Ausnahme zu sein.

Wälder, Waldränder und Bestandslücken sind als Jagdgebiete und Nahrungsquellen für fast alle unsere Fledermausarten regelmäßiger Bestandteil ihres Streifgebietes. In der Reihenfolge der abnehmenden Nutzungsintensität treten hier folgende Arten in Erscheinung: Bechsteinfledermaus (fast ausschließlich), Mausohr, Mopsfledermaus, Braunes Langohr, Rauhautfledermaus, Fransenfledermaus, Große Bartfledermaus, Kleine Hufeisennase, Große Hufeisennase, Kleine Bartfledermaus, Kleinabendsegler, Wimperfledermaus, Breitflügelfledermaus, Wasserfledermaus, Graues Langohr, Nordfledermaus, Zwergfledermaus, Großer Abendsegler, Teichfledermaus und Zweifarbfledermaus.

In einem Wald mit reichhaltigem Höhlenangebot – wie auf dem nebenstehenden Foto – sind zusätzliche Fledermauskästen überflüssig (im Gegensatz zum Foto auf der linken Seite).

Das Große Mausohr jagt dicht über dem Waldboden nach Laufkäfern.

Jagen in Stockwerken

Bei der Jagd verteilen sich die Fledermausarten auf alle „Stockwerke" (Straten) im Wald. Vom Luftraum oberhalb der Baumkronen bis hin zum offenen Waldboden werden alle Nischen zur Jagd genutzt. Direkt am Waldboden in weitgehend vegetationsfreiem Buchenaltholz oder anderen hallenartigen Beständen und auf unbefestigten Waldwegen jagen Großes Mausohr, Bechsteinfledermaus sowie Graues und Braunes Langohr. Einige Arten haben sich darauf spezialisiert, Gliedertiere direkt von Blättern abzulesen (so genannte Gleaner). Bechsteinfledermaus, Fransenfledermaus, Wimperfledermaus, Graues und Braunes Langohr sammeln ihre Beutetiere an den Blättern von Pflanzen des Staudenbereiches entlang der Waldwege, der Stauden- und Krautschicht an Gewässern, der Strauchschicht am Waldrand, des Unterwuchses und des Kronenbereiches ab. In unterschiedlichsten Höhen über Wald-

wegen, Gewässern und Lichtungen, häufig in geringem Abstand zur Vegetation, fliegen Zwergfledermaus, Rauhautfledermaus, Wasserfledermaus, Große und Kleine Bartfledermaus, Kleiner Abendsegler, Mopsfledermaus, Nordfledermaus, Zweifarbfledermaus, Fransenfledermaus, Bechsteinfledermaus, Wimperfledermaus, Graues und Braunes Langohr, Großes Mausohr, Großer Abendsegler, Breitflügelfledermaus. Arten, die in unterschiedlicher Höhe im offenen Luftraum über Wiesen, Feldern und Gewässern jagen, sind Großer Abendsegler, Breitflügelfledermaus, Zweifarb- und Nordfledermaus.

Das Strukturangebot in einem Wald scheint der ausschlaggebende Faktor für die Vielfalt an Tierarten und damit auch an Fledermäusen zu sein. Die Beuteverfügbarkeit bzw. Beutemasse, die wiederum eng mit der Lichtdurchlässigkeit eines Waldes verknüpft ist, spielt ebenfalls eine wichtige Rolle. Sonnige, lichte Wälder fördern das Insektenleben. Im Verlauf einer natürlichen Waldentwicklung haben daher frühe und späte Entwicklungsphasen (Lücken nach Sturm, Alters- und Zerfallsphase) die höchsten Artendiversitäten. Ein Plenterwald mit dem Idealbild eines stark gestuften, altholzreichen und tief beschattenden Baumbestandes muss daher nicht unbedingt der optimale Biotoptyp für diejenigen Arten sein, die auf Waldlückensysteme angewiesen sind. Wie für alle Arten gilt auch für Fledermäuse: Die Artenzusammensetzung ändert sich mit den Waldentwicklungsphasen.

Verwandte mit unterschiedlichen Vorlieben

Am Beispiel der Bechsteinfledermaus und des Großen Mausohrs möchte ich die unterschiedlichen Lebensraumansprüche unserer Fledermäuse verdeutlichen. Beiden Arten ist gemeinsam, dass sie Laub- und Laubmischwälder als Jagdhabitate gegenüber Nadelwäldern deutlich bevorzugen. Dagegen zeigen beide Arten in ihrer Sozialstruktur, ihrem Quartier- und in ihrem Jagdverhalten große Unterschiede.

Das Große Mausohr

Das Große Mausohr weist eine starke Bindung an menschliche Siedlungen auf. Der Großteil unserer Mausohr-Wochenstubenkolonien bevorzugt meist warme Dachböden auf großen Gebäuden. Die Wochenstubenverbände können aus über tausend Weibchen bestehen. Meist bilden jedoch 100–600 Individuen eine Wochenstube.

Die Entfernungen zwischen Wochenstubenquartier und Jagdgebiet variieren offenkundig in Abhängigkeit von der Koloniegröße. Bei größeren Kolonien von 300–600 Tieren werden maximale Entfernungen zum Jagdgebiet von rund 13–20 km erreicht, bei kleinen Kolonien jedoch nur 2–5 km. Die Aktionsradien der

Wenn natürliche Baumhöhlen Mangelware sind, beziehen Bechsteinfledermäuse gerne Nistkästen.

Kolonien sind dementsprechend groß und können bis zu einigen hundert Quadratkilometern betragen. Da Mausohren meistens Laufkäfer als Nahrung am Waldboden erbeuten, ist eine Präferenz von unterwuchsarmen Waldstandorten festzustellen. Offenlandflächen, wie z. B. Wiesen oder Weiden, werden in unserer Region von Mausohren als Jagdhabitate nur ausnahmsweise genutzt. Nachdem das Mausohr zu 75 % seine Nahrung im Wald erbeutet, wird die Mindestwaldfläche für eine 270-köpfige Wochenstube auf 80–90 km² geschätzt.

Die Bechsteinfledermaus

Die Bechsteinfledermaus ist die am stärksten an großflächige und zusammenhängende Laub- und Laubwaldmischgebiete gebundene Fledermausart in Mitteleuropa. Nach telemetrischen Untersuchungen jagen Bechsteinfledermäuse im näheren Bereich ihrer Quartierbäume, wobei der Wald in der Regel nicht verlassen wird. Ausnahmen sind nahe liegende Obstgärten und kleine Waldinseln, die über Landschaftsstrukturen (Hecken, Baumalleen etc.) erreichbar sind. Während der Jagd erbeuten Bechsteinfledermäuse Gliedertiere sowohl im freien Luftraum als auch am Boden bzw. durch Absammeln von der Vegetation.

Zu den bevorzugten Beutetiergruppen zählen Nachtfalter, Schnaken und Spinnen. Die Reste von flugunfähigen und nicht fliegenden Gliedertieren sind im Kot der Bechsteinfledermaus häufig nachweisbar. Während im Mai Käfer zur Hauptbeute zählen, sind es im Juni Schnaken. Ein Nahrungswechsel, der mit dem gehäuften Auftreten der Beutetiere übereinstimmt, weist auf die opportunistische Jagdstrategie der

Bechsteinfledermaus hin. Als Mindestareal im Optimalbiotop für einen 20-köpfigen Wochenstubenverband der Bechsteinfledermaus wird ein 200–300 ha großer strukturreicher Laubwald mit nicht zu dichtem Unterwuchs (20–30 %) hochgerechnet. In einem weniger strukturierten, z. B. nadelholzdominierten Wald benötigen Bechsteinfledermäuse größere Flächen.

Mit Nistkästen Quartiere schaffen

Bereits 1865 schlug der Forstmann Herr Gloger vor, aus Gründen der biologischen Schädlingsbekämpfung auch für Fledermäuse künstliche Nistkästen bereitzustellen, wie dies für Vögel schon erfolgreich durchgeführt wurde. Erst das Forscher-Ehepaar Issel untersuchte mit selbst konstruierten Holzkästen („Issel-

Kasten") die Besiedlung künstlicher Nisthöhlen durch Fledermäuse. Seitdem sind viele unterschiedliche Typen von Fledermauskästen aus Holzbeton auf dem Markt bzw. liegen als Bauanleitungen zum Selbstbau aus Holz vor.

Nicht für „jedermann" geeignet

Von 20 regelmäßig in Deutschland vorkommenden Fledermausarten sind bisher 16 Arten in Kästen nachgewiesen worden (s. Artenübersicht in Tabelle auf S. 40), zehn bis elf Arten nutzen Fledermaus- oder Vogelkästen auch als Wochenstuben, neun Arten als Paarungsquartiere. Nachdem die Nordfledermaus in Südschweden, die Weißrandfledermaus in Frankreich und die Zweifarbfledermaus in Russland in künstlichen Nisthöhlen nachgewiesen wurde, können diese Arten auch bei uns als potenzielle „Kasten-Fledermäuse" angesehen werden.

Fledermäuse beziehen Vogelnistkästen (oben), noch lieber spezielle Fledermauskästen (rechts). Das Braune Langohr fliegt hier einen „Issel-Kasten" an.

Fledermausarten	nutzen Fledermaus- und Vogelnistkästen als	
in Nistkästen nachgewiesen	Wochen- stuben	Paarungs- quartiere
Wasserfledermaus	x	x
Teichfledermaus		x
Kleine Bartfledermaus	x	
Große Bartfledermaus	x	
Wimperfledermaus		
Fransenfledermaus	x	x
Bechsteinfledermaus	x	
Großes Mausohr		x
Großer Abendsegler	x	x
Kleiner Abendsegler	x	x
Breitflügelfledermaus		
Zwergfledermaus	x	x
Rauhautfledermaus	x	x
Braunes Langohr	x	x
Graues Langohr		
Mopsfledermaus		

Sinnvoll einsetzen

Ihr Einsatz im Wald hilft, das Quartierangebot für Fledermäuse zu erhöhen und aufrecht zu erhalten und damit wahrscheinlich, den Fledermausbestand zu erhalten. Auch in größeren Parks können Fledermauskästen den gleichen Effekt bringen. Hauptziel muss allerdings sein, natürliche Ressourcen zu fördern und durch eine naturnahe Waldbewirtschaftung in Parks eine Pflege alter Bäume, die eine Entstehung natürlicher Höhlen toleriert, eine Entwicklung und Dynamik der (Fledermaus-) Fauna zuzulassen. Aus dem bereits schon zitierten Forschungs- und Entwicklungsvorhaben zu Ökologie und Schutz von Fledermäusen in Wäldern stammen die folgenden Empfehlungen zum Einsatz von Fledermauskästen.

Der Einsatz von Fledermauskästen ist sinnvoll
- als zeitliche Übergangslösung zur Erhöhung des Quartierangebotes bis zur Wiederherstellung einer ausreichenden Anzahl natürlicher Quartiere,
- als vorteilhafte Methode zur Erfassung der Fledermausfauna in Wäldern und zur Gewinnung von Daten zur Biologie und Ökologie einiger Arten („Sichtbarmachung" der Tiere),
- beim Einsatz zum Monitoring und als Erfolgskontrolle bei Naturschutzmaßnahmen (Bestandsüberwachung, Nachweis).
- zu pädagogischen Zwecken und zur Öffentlichkeitsarbeit.

Beim Anbringen der Kästen sollten Sie bitte folgende Hinweise beachten:
- Geeignete Habitate sind z. B. Nadel-, Misch- und Laubwälder im Stangenholzalter (ab 30 Jahre), v. a. strukturarme Phasen des Altersklassewaldes wie Dickung (mit einzelnen Altbäumen zur Aufhängung der Kästen), schwaches und mittleres Baumholz.
- Vorrangig bitte Fledermauskästen verwenden, Vogelkästen allenfalls zur „Ablenkung"; Kästen, bei denen der Kot herausfallen kann, verringern den Instandhaltungs- und Reinigungsaufwand.
- Das Einflugloch darf nicht zu klein sein. 26 mm Durchmesser bei Rundloch bzw. 15 mm Breite bei Spalt ist für trächtige Tiere zu eng.
- Das Einflugloch darf nicht durch die anfallende Kotmenge verdeckt werden.
- Bitte verschiedene Kastentypen anbieten (Spalten-/Raumquartiere) oder alternativ alte hohle Äste mit der Öffnung nach unten montieren; Volumen zwischen 2 und 5 l.
- Material: Holzbeton und/oder Holz (Ummantelung mit Dachpappe als Wetterschutz)
- Abstände: Kästen an benachbarte Bäume anbringen, in 50 m, 8–100 m oder auch mehrere Kilometer Abstand

Bauchiger Fledermaus-kasten Modell „Issel"

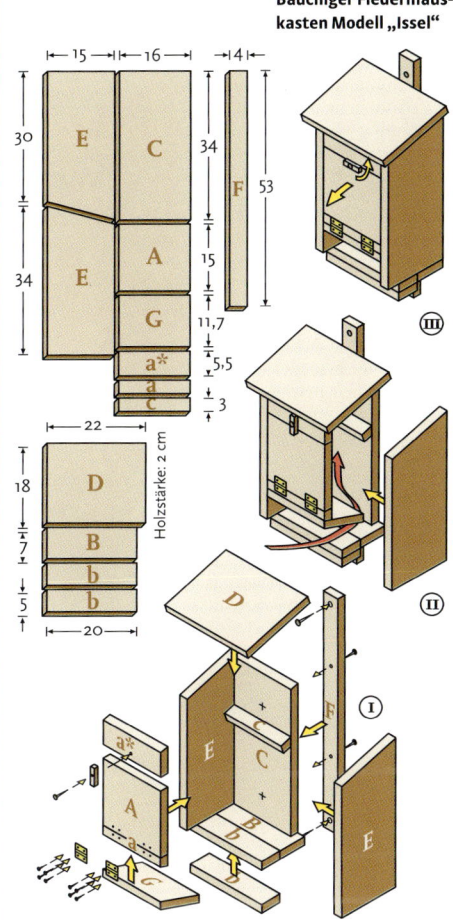

Schmaler Fledermaus-kasten (wartungsfrei)

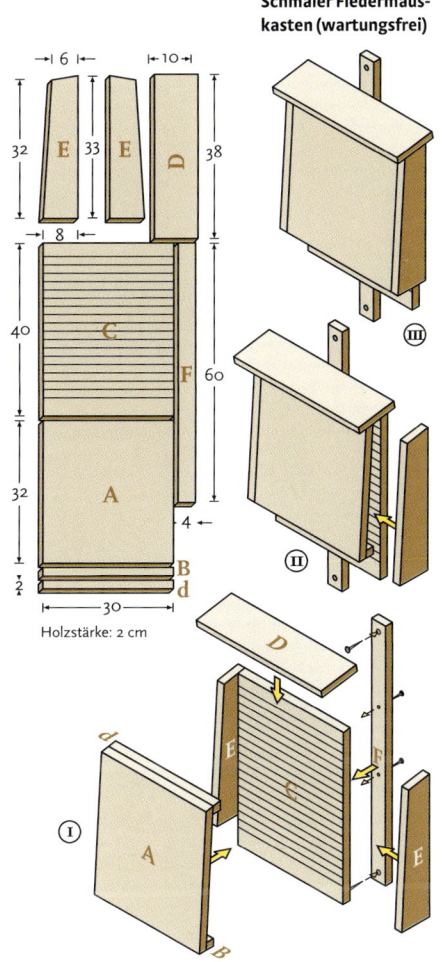

- ▶ Ort: Sowohl im Bestandsinneren als auch am Bestandsrand; die Nähe von Gewässern, Freiflächen usw. ist günstig (erfolgreich ist auch das Montieren von Fledermausbrettern oder Flachkästen an Jagdkanzeln).
- ▶ Höhe: 2–5 m
- ▶ Die Ausrichtung ist relativ unwichtig. Am besten bieten Sie verschiedene Richtungen an; Norden als Einflugrichtung vermeiden.
- ▶ Bis zum Erreichen eines natürlichen Quartierangebotes sollte das Kastenangebot möglichst gleich bleiben (d. h., beschädigte und verloren gegangene Kästen ersetzen).

Da die Quartieransprüche der einzelnen Fledermausarten sehr unterschiedlich sind und die Quartiernutzung innerhalb der Art saisonal wechseln kann (Zwischen-, Balz-, Wochenstubenquartier), sind Empfehlungen für einen bestimmten Kastentyp nicht sinnvoll. Ein „Kasten-Mix" sowie das Experimentieren mit Naturmaterialien, die z. B. den Quartiertyp „abstehende Borke" imitieren können, sind angesagt (besonders bedeutsam als Quartiertyp für Mopsfledermäuse!). An Gebäuden erscheint nur das Anbringen von Flachkästen als Angebot für Spaltenquartierbewohner sinnvoll.

**Pflanzenvielfalt und Natur-
nähe locken Fledermäuse
ans Haus.**

Fledermäuse als Gartenbesucher

Fledermäuse fliegen dort am häufigsten, wo es am meisten zu fressen gibt. Die Insekten- und Spinnenjäger sind ab Dämmerungsbeginn vor allem hinter nachtaktiven Faltern und anderen Insekten her. Wer in seinen Garten Fledermäuse locken will, muss zuerst ihre Beutetiere fördern. Vor allem Zwergfledermäuse und Langohren belohnen mit gehäuften Gartenbesuchen das gärtnerische Bemühen. Die Auswahl der richtigen Pflanzen als „Lockmittel" für Nachtfalter und andere Insekten ist dabei wichtiger als die Flächengröße: Selbst die entsprechende Balkonbepflanzung kann schon Fledermäuse zu „Restaurantbesuchen" einladen!

Pflanzen, die nachts ihre Blüten öffnen und intensiv duften, locken in erster Linie Nachtfalter an – und in ihrem Gefolge auch die Fledermäuse. Nachtfalterblüten sind meist hell, weiß, violett oder rötlich und längst nicht so bunt wie die von Tagfaltern bevorzugten Blüten. Dafür entfalten einige Pflanzen erst nach Anbruch der Dämmerung oder sogar erst in den frühen Morgenstunden ihre Blüten. Viele dieser Blüten reflektieren das fürs menschliche Auge unsichtbare, für zahlreiche Insekten aber sichtbare, kurzwellige ultraviolette Licht (z. B. Nachtkerze, Boretsch). Anderen Blüten entströmt bei Dämmerung ein süßer Duft (z. B. Echtes Geißblatt). Wieder andere Pflanzen haben duftende Blätter, die Insekten anlocken (z. B. Kräuter). Einmal angelockt, ernähren sich die Schwärmer im Schwirrflug am Blütennek-

Tipp: „Fledermaus-Beet" anlegen

Insektenreichtum in der Nacht verspricht eine Bepflanzung mit Gewöhnlicher Nachtkerze (*Oenothera biennis*, Abb. oben links), Großblütiger Nachtkerze *(Oenothera grandiflora)*, Weißer Lichtnelke *(Silene alba)*, Nachtviole *(Hesperis matronalis)*, Stechapfel *(Datura stramonium)* und Wegwarte *(Cichorium intybus)*. Auch die am Tag blühende Rote Lichtnelke *(Silene dioica)* passt hierher, sowie die Zweiblättrige Waldhyazinthe *(Platanthera bifolia)*, das Echte Seifenkraut *(Saponaria officinalis)*, das Waldgeißblatt *(Lonicera periclymenum)*, die Türkenbundlilie *(Lilium martagon)* und die Wildrose *(Rosa canina)*. Eine Ausnahme von der allgemeinen Regel, keine Exoten anzupflanzen, stellt der von allen Faltern gerne besuchte Schmetterlingsflieder (Buddleia) dar. Eine bescheidenere Variante des „Fledermaus-Beets" sind Küchenkräuter auf Balkon und Fenstersims. Majoran, Minze, Melisse, Boretsch (Abb. oben rechts), Salbei, Schnittlauch und Thymian verbessern nicht nur die gute Küche, sondern locken als wichtige Futterpflanzen für Falter auch Fledermäuse an.

Die Pflanzen lassen sich bereits im zeitigen Frühjahr in Blumentöpfe und Kästen säen und auf der Fensterbank (oder im Gewächshaus) vorziehen. Sie müssen dann nach gut drei Wochen vereinzelt werden. Die noch kleinen Pflänzchen müssen regelmäßig vorsichtig gegossen werden. Richtig üppig wird das „Fledermaus-Beet" erst nach ein oder zwei Jahren, wenn auch die zwei- und mehrjährigen Pflanzen ihre volle Pracht entfalten. Einige der wichtigsten Nachtblüher – zum Beispiel die Nachtkerzen und die Weiße Lichtnelke – blühen erst im zweiten Jahr.

tar, während sich die Eulenfalter zum Saugen auf den Blüten niederlassen.

Auch Apfelbäume bieten Fledermäusen viel. Langohren fliegen gerne in Apfelbäumen von Blatt zu Blatt, um kleine Insekten abzusammeln, u. a. die Raupen des Apfelwicklers, die manchmal zahlreich zu finden sind.

Mit Vereinen (Naturschutzvereine, Obst- und Gartenbauvereine), Nachbarn oder der Gemeinde könnte sogar ein Kräuter-Falter-Fledermaus-Verbundsystem ins Leben gerufen werden, indem auf Veranstaltungen Samen, Setzlinge und Fledermaus-Infos an Garten- und Balkonbesitzer verteilt werden.

Ganz schön verfressen: Nahrungsbedarf

Um ihren Energiebedarf zu decken, benötigen Fledermäuse pro Nacht $\frac{1}{5}$ bis $\frac{1}{2}$ ihres Körpergewichtes an Nahrung. Bei einem 9 g schweren Wasserfledermaus-Weibchen entspricht der nächtliche Nahrungsbedarf etwa 3000–4000 Zuckmücken. Der Fledermauskundler Markus Dietz fand bei seinen Untersuchungen in Gießen/Mittelhessen heraus, dass Wasserfledermäuse durchschnittlich 11 Fanghandlungen pro Minute während ihrer nächtlichen Insektenjagd durchführten. Ein telemetriertes 9 g schweres Wasserfledermaus-Weibchen jagte im Mai pro Nacht durchschnittlich 7 Stunden und 45 Minuten. Jagddauer und Zahl der Fanghandlungen pro Minute miteinander verrechnet, ergeben rund 5200 Fanghandlungen pro Nacht.

Verglichen mit der benötigten Zuckmückenmenge von 3000–4000 Beutetieren, erreicht die Wasserfledermaus eine Erfolgsquote von 70 % bei der Jagd. Das heißt, in der Regel führen mehr als $\frac{2}{3}$ der Fanghandlungen zum Jagderfolg. Beim Großen Mausohr, das sich fast ausschließlich von Laufkäfern ernährt, kann man pro Nacht von einer benötigten Nahrungsmenge ausgehen, die etwa 40 mittelgroßen Laufkäfern entspricht. Damit wird klar, dass eine ausreichende Nahrungsmenge entscheidend für das Vorkommen von Fledermäusen ist. Wird eine bestimmte Nahrungsdichte unterschritten, müssen Fledermäuse ihr Jagd-

Der süße Blütenduft des Geißblattes lockt in der Dämmerung Falter (hier Weinschwärmer) und in deren Gefolge die Nachtjäger an.

Wer Buddleia pflanzt, lockt nicht nur Schmetterlinge (hier Kleine Füchse) an ...

gebiet wechseln. Für das Überleben der Tiere ist somit ein ausreichendes System von Jagdgebieten in räumlich günstiger (gut erreichbarer) Anordnung unverzichtbar. Große Mausohren zählen mir ihrem sehr breiten Nahrungsspektrum eigentlich zu den „Generalisten" unter den Fledermäusen. Sie suchen ihre Nahrung in den Biotopen, in denen das Angebot günstig ist. Schweizer Fledermausforscher fanden heraus, dass in Regionen mit extensiver Landwirtschaft die Mausohren auch im Kulturland jagen. Die Spezialisierung auf Laufkäfer des Waldes muss deshalb als Folge tiefgreifender Landschaftsveränderungen gesehen werden, wenn z.B. nur noch Waldhabitate genügend Nahrungsressourcen für diese großen Fledermäuse bieten.

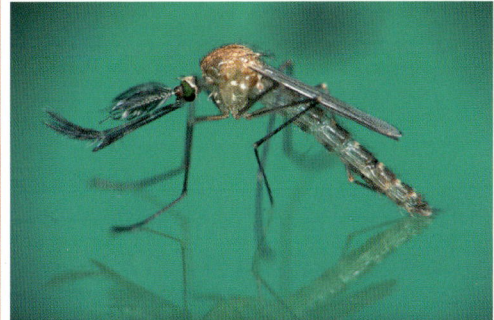

Oben: Kotberg unter einer Mausohrwochenstuben-Kolonie. Welche Insektenmengen müssen die Weibchen dafür vertilgt haben?

Unten: Am Fraßplatz von Langohren finden sich abgebissene Falterflügel als Reste ihrer Mahlzeit (hier Kleiner Fuchs und Hausmutter).

Mitte: Die Kohlschnake gehört ebenfalls zur Fledermaus-Jagdbeute.

Unten: Stechmücken sind für uns lästig, aber eine schmackhafte Beute für Fledermäuse.

Fledermaus-Sommer

Der Fledermaus-Sommer ist die Zeit des Gebärens und der Jungenaufzucht. Während die Mütter in Quartiernähe auf die Jagd gehen, werden die Kleinen in Wochenstubenquartieren zurückgelassen. Jetzt ist die ideale Jahreszeit für das Entdecken von Wochenstubenquartieren. Ausflugzählungen können ohne Störung der Tiere gemacht werden und geben Hinweise auf die Koloniegröße. Auch Kotkrümel liefern wichtige Indizien für die Artzugehörigkeit der Quartierbewohner. Jetzt gilt es, die menschlichen Quartierbesitzer vom Schutz ihrer heimlichen Untermieter zu überzeugen. Natürlich eignen sich die lauen Sommernächte auch hervorragend zum Beobachten der Nachtjäger.

Die Sommerquartiere S. 48

Quartierbetreuer sind gefragt S. 56

Fledermausforschung S. 64

Die Sommerquartiere

Fledermäuse sind mehr als die Hälfte ihres Lebens auf Quartiere angewiesen. Dort halten sie ihren Tagesschlaf, ziehen sich zur Verdauung zurück, paaren sich, ziehen ihre Jungen groß, verschlafen den Winter und finden Schutz. Nur wo das Quartierangebot stimmt, können sich Fledermäuse ansiedeln. Weil sie ihre Unterschlupfe nicht selber herstellen, sind sie auf das Vorhandensein artgemäßer Verstecke angewiesen. Die wahrscheinlich wichtigsten Fledermausquartiere im Sommer sind die Wochenstubenquartiere.

Große Hufeisennasen-Junge bleiben beim Jagdflug der Mütter im Quartier.

Die Zeit der Jungen

Im Sommer werden die jungen Fledermäuse geboren und aufgezogen. Das bedeutet für die Weibchen eine Zeit höchsten Energiebedarfs. Fledermausmütter gehen sehr liebevoll mit ihren Einzelkindern oder Zwillingen um. Das Mitnehmen der Babys wäre allerdings bei der nächtlichen Insektenjagd ein echtes Handikap. Da ist es sinnvoller, die Kleinen in ganzen Gruppen im Wochenstubenquartier zurückzulassen.

Ähnlich wie bei Menschenbabys auch, brauchen die ganz Kleinen sehr häufig die mütterliche Milchquelle. Quartiernahe Jagdgebiete, aus denen man kurzzeitig und gut gesättigt zum Säugen in die Wochenstube zurückkehren kann, sind da eindeutig für Mutter und Kind von Vorteil.

Jetzt ist die ideale Jahreszeit für das Entdecken von Wochenstubenquartieren, für Ausflugzählungen ohne Störung der Tiere und für die Kotkrümel-Begutachtung zur Koloniegrößen- und Artbestimmung. Jetzt wird Überzeugungsarbeit bei den Quartierbesitzern zum Schutz ihrer heimlichen Untermieter geleistet. Quartierbetreuer sind wirklich gefragt!

Natürlich eignen sich die lauen Sommernächte auch hervorragend zum Beobachten der Nachtjäger. Jetzt können die im Frühjahr gelernten Tricks beim Beobachten verfeinert und verbessert werden. Vielleicht haben wir inzwischen auch Kontakt zu Fledermausforschern und dürfen die Profis im Freiland begleiten.

Große Hufeisennasen-Weibchen mit Jungtieren in der Wochenstube.

Fledermausquartiere im Siedlungsraum

A   Baumhöhle (Großer Abendsegler, Wasserfledermaus, Braunes Langohr)
B   Nistkasten (Wasserfledermaus, Braunes Langohr)
C/D Spalten an hohen Gebäuden (Großer Abendsegler, Zweifarbfledermaus)

E/F/K Eingang über Schallluken (E), Dachgauben (F), Windfenster (K) (Großes Mausohr, Wimperfledermaus, Hufeisennasen)
G   Spalten an niedrigen Gebäuden (Zwergfledermaus)
H   Holzstapel (Rauhautfledermaus)
L   Fensterläden (Bartfledermäuse, Zwerg-, Mopsfledermaus)

Die Tagesquartiere

Als nachtaktive Tiere brauchen die Fledermäuse Tagesquartiere, in denen sie energiesparend ihren Kreislauf drosseln können und vor Beutegreifern sicher sind. Ihr Flugvermögen garantiert ihnen zwar eine rasche, effektive Flucht. Fliegende Tiere sind aber auch gut sichtbar und so einem hohen Raubdruck ausgesetzt. Gegenüber schnell fliegenden Greifvögeln hätten Fledermäuse tagsüber keine Chance. Aus dem Raubdruck und aus der Notwendigkeit der Energieminimierung ergeben sich zwei Forderungen an die Qualität:
1. Das Quartier sollte entweder ein möglichst konstantes Tagesklima nahe der optimalen

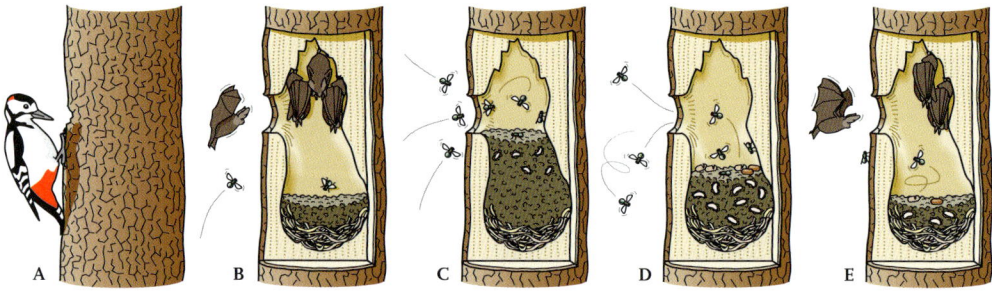

Mit dem Ausfaulen des Höhlendachs wird die
A   vom Specht gezimmerte Höhle
B   für Fledermäuse attraktiv,

C/D Fliegenmaden beseitigen den Fledermauskot und machen durch ihr „Recycling"
E   die Höhle als Fledermausquartier erneut nutzbar.

Temperatur aufweisen oder aber eine niedrige Temperatur, die den Torpor (Tageslethargie) begünstigt.

2. Das Quartier sollte Raubfeinden keinen Zugang bieten.

Richtig wohnen:
Ökologische Bedeutung der Quartiere

Fledertiere sind mehr als die Hälfte ihres Lebens auf Quartiere angewiesen. Dort halten sie ihren Tagesschlaf, paaren sich, ziehen ihre Jungen groß, verschlafen artgemäß den Winter, ziehen sich zur Verdauung zurück und finden Schutz vor der Witterung und vor Feinden. Geeignete Quartiere sind deshalb im Fledermausleben so wichtig wie ausreichende Nahrung. Nur wo das Quartierangebot stimmt, können Fledermäuse sich ansiedeln. Weil sie ihre Unterschlupfe nicht selber herstellen (Ausnahme: einige Neuwelt-Blattnasen der Gattungen *Uroderma*, *Ectophylla* und *Artibeus*,

die als „zeltbauende" Arten Blattwohnungen aktiv umgestalten, und *Mystacina* von Neuseeland, die Quartiere in morschen Bäumen erweitern und herstellen kann), sind die Fledertiere auf das Vorhandensein artgemäßer Verstecke angewiesen. Während in den Tropen zahlreiche Fledertierarten im Blattwerk Quartier beziehen (vor allem Flughunde), gibt es in den gemäßigten Zonen auf Grund klimatischer Verhältnisse (Witterung, Laubfall) nur wenige Laubbewohner (nordamerikanische *Lasiurus*-Arten). Hier sind die Fledermäuse nahezu ausschließlich auf höhlen- und spaltenartige Quartiere angewiesen. Neben zahlreichen natürlichen Quartierangeboten wie Fels- und Erd-

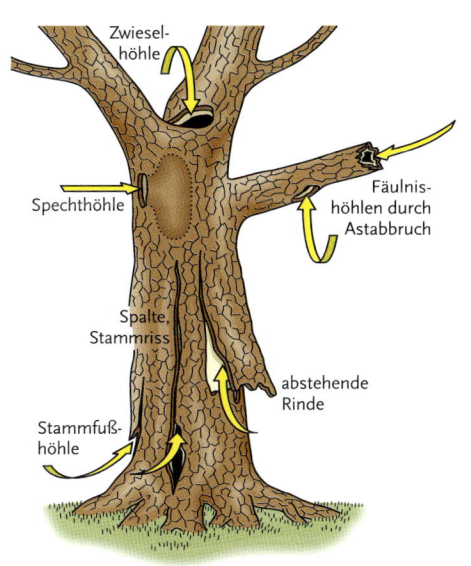

Natürliche Fledermausquartiere an Bäumen

Zwiesel-höhle

Spechthöhle

Fäulnis-höhlen durch Astabbruch

Spalte, Stammriss

abstehende Rinde

Stammfuß-höhle

Typische Ausflugsmöglichkeiten (oben) und Aufenthaltsorte (unten) dachstockbewohnender Fledermäuse

Vor dem Ausfliegen schwärmen Mausohren im Quartier.

höhlen, Felsspalten, Baumhöhlen, lose Rinde u. Ä., nutzt eine Reihe von Arten auch Tierbauten und menschliche Bauwerke als Unterschlupf. Überall, wo Menschen bauten, boten sich auch neue Versteckmöglichkeiten für Fledermäuse. Häuser, Kirchen, Tempel, Pyramiden, Türme, Festungen, Bergwerkstollen, Bunker und unterirdische Kanäle können Fledermäuse entsprechend ihren Bedürfnissen mitbenutzen. Für Fledermäuse sind menschliche Bauwerke oft nur „Ersatzhöhlen", vor allem in den Regionen, in denen natürliche Höhlen den Wärmebedürfnissen der Fledertiere während der aktiven Saison nicht entsprechen. Deshalb sind bei uns viele Fledermausarten „Kulturfolger" geworden. Sie besiedeln bevorzugt dunkle Dachböden, übertagen zwischen Wand und Fensterläden oder hinter Kunststoffverkleidungen moderner Betonbauten. Mauern entsprechen dabei ökologisch Felswänden mit Spalten, Dachböden wärmeren Eingangszonen von Felshöhlen, bzw. Versteck-

möglichkeiten auf Dachböden oder unter Ziegeln Baumhöhlen und –spalten. Äußere (und innere) Verschalungen an Gebäuden entsprechen Baumspalten und -höhlen und flachen Felsspalten, Keller im Allgemeinen den kühlfeuchteren Bereichen von Felshöhlen.

Bindungen an Gebäude

Alle heimischen Fledermausarten sind schon an und in Gebäuden nachgewiesen worden, wobei die Bindung an diesen Quartiertyp sehr unterschiedlich ist.
Die engste Bindung zeigen dabei die Kleine und die Große Hufeisennase, Wimperfledermaus, Teichfledermaus, Zweifarbfledermaus, Nordfledermaus und Graues Langohr. Sie werden bei uns im Sommer ausschließlich an und in Gebäuden nachgewiesen. Lediglich an telemetrierten Wimperfledermäusen gelang der Nachweis, dass einzelne Tiere von ihren Jagd-

**Mausohr-Wochenstuben-Kolonie
am Haupthangplatz**

**Nutzungsunterschiede im gleichen Quartier:
Wimperfledermaus-Kolonie in dichter Traube (vorn),
Große Hufeisennasen eher auf Abstand**

flügen bei ungünstiger Witterung nicht zurück ins Dachbodenquartier flogen, sondern kurzzeitige Ausweichquartiere (v. a. hinter loser Rinde und in Baumhöhlen) aufsuchten, die bei ihren Hauptjagdgebieten lagen.

Bevorzugt oder regelmäßig beziehen Große und Kleine Bartfledermaus, Großes Mausohr, Breitflügelfledermaus, Zwergfledermaus, Mückenfledermaus, Mopsfledermaus und Braunes Langohr ihre Sommerquartiere an und in Gebäuden.

Selten, aber regelmäßig sind dort auch Fransenfledermaus, Wasserfledermaus, Rauhautfledermaus und Großer Abendsegler anzutreffen.

Der einzige Quartierfund der Alpenfledermaus für Deutschland gelang in den 1950er Jahren ebenfalls im Dachstuhl eines Hauses in Südbayern.

Ungewöhnlich, weil als klassische „Baumfledermaus" geltend, sind Wochenstubennachweise der Bechsteinfledermaus in Gebäuden. Einige Arten wie Zweifarbfledermaus, Nordfledermaus, Breitflügelfledermaus, Zwergfledermaus. Rauhautfledermaus sowie Großer Abendsegler, Kleiner Abendsegler, Graues Langohr und Braunes Langohr überwintern bei uns auch gerne in Spaltenquartieren an Gebäuden.

**Die Spaltenbewohnerin
Breitflügelfledermaus
versteckt sich hinter der
Fassadenverkleidung.**

Zwergfledermäuse mögen enge Spalten.

Falsche Vorstellungen über Dachbewohner

Das Vorstellungsbild vieler Menschen von Fledermäusen, die auf Dachböden frei in großen Trauben hängen, ist gar nicht typisch für die Mehrzahl der Gebäudequartier beziehenden Arten. Lediglich das Große Mausohr sowie die bei uns äußerst selten vorkommenden beiden Hufeisennasen-Arten und die Wimperfledermaus bieten solche Anblicke. Dass die freihängenden Arten Kirchen, Schlösser und Herrensitze bevorzugen, hängt mit ihrer Quartierstrategie zusammen. Als echte Traditionalisten bewohnen sie die meist großräumigen, ungestörten Dachböden als warme Ersatzhöhlen über viele Generationen hinweg.

Die Mehrzahl unserer Fledermausarten lebt dagegen äußerst versteckt in spaltenartigen Hohlräumen in und an Gebäuden und fällt oft nur durch das Fallenlassen ihrer Kotkrümel

Zwergfledermausquartier in der Dehnungsfuge einer Betondecke

auf. Ihre Verstecke lassen sich selbst an kleinen Gebäuden oft nur durch hinzugezogene
Fledermausexperten ausfindig machen.
Auch unser Bild von Fledermäusen in meist
alten, baufälligen Gebäuden ist schief. Gerade
die Spaltenquartierbewohner nehmen sehr
rasch neue, artgemäße Verstecke an und sind
oft schneller mit ihrem Einzug als die menschlichen Bewohner. Hier sind es oft enge Hohlräume hinter Holz-, Schiefer- und Eternitver-
kleidungen sowie kleine Öffnungen im
Mauerwerk, die den Zugang zu einem Hohl-
raum, wie z. B. der Kammer eines Hohlblock-
steines ermöglichen. Auch aufgeklappte höl-
zerne Fensterläden oder das Innere von
Rollokästen wird als Wohnraum genutzt. In
landwirtschaftlichen Nebengebäuden findet
man entgegen der landläufigen Meinung nur
selten Fledermausquartiere: Scheunen und
Schuppen sind meist zu zugig. Beliebt sind
allerdings Hohlräume in Decken oder Fenster-
und Türstürzen von genutzten Viehställen
(wegen der Wärme und dem nahen Insekten-
angebot). Welche Zugangs- und Quartiermöglichkeiten sich für Dachstock bewohnende Fledermausarten ergeben, zeigt die Abbildung auf
Seite 51. Einige Fledermauskolonien, darunter
einige bemerkenswert kopfzahlstarke, wurden

Spaltenquartierbewohner (hier Zwergfledermäuse)
lassen sich beim Ausflug beobachten und zählen.

in Brückenbauwerken, doppelwandigen Fabrik-
gebäuden, in Dehnungsfugen von Plattenbau-
ten oder hinter der Flachdach-Attika von Hoch-
häusern gefunden. Die derzeit bekannten
Quartieransprüche der einzelnen Arten können bei den Artporträts nachgelesen werden.

Tipp: Die „Hausbewohner" beim Ausfliegen zählen

Eine lohnenswerte und zudem ohne Störung der Tiere
mögliche Beobachtungsmethode am Quartier ist die Aus-
flugszählung. Zunächst muss man herausbekommen, an
welchen Stellen/durch welche Öffnungen die Tiere ausfliegen. Hungrige Fledermäuse, und das sind nach dem Tagesschlaf alle, starten nahezu gemeinsam zu ihrer „Fresstour".
Deshalb spielt sich das Ausflugsgeschehen in relativ kurzer
Zeit ab. Am besten zählt man mit mehreren Personen
(gemeinsam macht es mehr Spaß!). Systematische Ausflugszählungen an einem Quartier, über die Saison verteilt,
liefern wichtige Daten zur Quartiernutzung. Hilfreich beim
Zählen an großen Kolonien sind Handzählgeräte.

Quartierbetreuer sind gefragt

Langjährige Erfahrungen bei der praktischen Schutzarbeit in der Schweiz haben gezeigt, dass für den Schutz bedeutender Fledermauskolonien in Gebäuden Quartierbetreuer unverzichtbar sind. Von Ausflugszählungen bis hin zur Werbung für die Fledermäuse sind ihre Aufgaben sehr wichtig und vielgestaltig.

Stolze Quartiererbauer:
Zwei Jungen mit ihrem
Fledermausbrett

Die Aufgaben der Quartier-
betreuer

Dazu gehören:
- regelmäßige Ausflugszählungen (geben Hinweise auf den aktuellen Zustand der Kolonie),
- regelmäßige direkte Kontrollen des Quartierraumes (soweit zugänglich) geben Überblick über die Kolonie und Veränderungen der Bausubstanz,
- Kontaktpflege mit dem Eigentümer des Gebäudes, mit Verwaltungen, Handwerkern etc. (rechtzeitiges In-Erfahrung-Bringen von geplanten Umbauten und Unterhaltungsmaßnahmen mit der Möglichkeit der Beratung),
- Quartierreinigung (Auskunft über Abgänge, Nutzung des Kotes als Gartendünger, Kotanalyse zu wissenschaftlichen Zwecken, Service für Gebäudebesitzer),
- Sympathiewerbung für Fledermäuse.

Wie wird man Quartierbetreuer oder Quartierbetreuerin?

Als engagierte(r) FledermausfreundIn und -schützerIn sucht man Gleichgesinnte bei regional aktiven Fledermausgruppen (Adressen im Service-Teil). Bundesweit im Fledermausschutz tätig ist der NABU. Seit der Saison 2003 wurde vom NABU zusammen mit Fledermausschutz-Organisationen in Thüringen ein bundesweites Mausohr-Monitoring gestartet. Mit diesem ehrgeizigen Projekt soll eine kontinuierliche Bestandsüberwachung des Großen

Quartierbetreuer bei der Dachboden-Kontrolle und der Quartierverbesserung (linke Seite)

Fledermausforscher „lesen" aus Kotkrümeln und Fledermausskelett-Resten.

Mausohrs in Deutschland als Voraussetzung für Schutzmaßnahmen sichergestellt werden. Über die Landeskoordinatoren kann man sich um Mitarbeit bewerben (s. Service-Teil). Wer am Ort oder in der Nähe einer Mausohrkolonie wohnt, für die es noch keine Betreuung gibt, hat nach entsprechender Einarbeitung sicher gute Chancen, Quartierbetreuer zu werden.

Kotkrümel als Indizien

In Spaltenquartieren versteckte Fledermäuse setzen Kotkrümel ab, die vielfach auf die Terrasse, den Balkon oder das Fensterbrett rieseln. Dieser „Dreck" stört häufig das Sauberkeitsempfinden der Fledermausquartierbesitzer. Dabei sind die kleinen, im frischen Zustand meist schwarz glänzenden Würstchen in vieler Hinsicht äußerst wertvoll: Sie verraten, wo sich das Quartier befindet und geben Hinweise auf die Artzugehörigkeit des Quartierbewohners.

Zwergfledermäuse z. B. „kleben" ihre sehr kleinen Kotkrümel gerne an senkrechte Strukturen (z. B. Hauswand) in der Nähe des Einschlupfes. Zwischen den mittelgroßen Kotkrümeln der Langohren finden sich meist Flügelreste von Tag- und Nachtschmetterlingen, ihrer Vorzugsbeute. Die großen Kotkrümel der Mausohren türmen sich in Dachstühlen unterhalb der Haupthangplätze einer Kolonie auf. Ihr Inhalt, der aus unverdauten Resten von Insekten besteht (Flügel-, Panzer-, Bein- und Fühlerteile), gibt ebenfalls Auskunft über das Beutespektrum.

Wo die Kotkrümel trotz eindrücklicher Schilderung ihrer Bedeutung und Vorzüge ein Problem bleiben, kann das Anbringen von Kotbrettern (bei Spaltenquartieren außen an Gebäuden) oder das Auslegen von alten Zeitungen oder Planen (unterhalb der Hangplätze in Gebäuden) Abhilfe schaffen. Für den Mülleimer ist der wertvolle Dünger allemal zu schade.

Wann lohnt die Krümelsuche auf Dachböden?

Dachboden bewohnende Fledermausarten sind in ihren Quartieren oft sehr störanfällig. Unsachgemäße Kontrollen zur Aufzuchtszeit der Jungen können zum Verschwinden ganzer Wochenstubenkolonien führen. Für die Suche nach Fledermausvorkommen auf Dachböden ist der Herbst ideal: Alle Junge sind flügge, die Wochenstubenkolonien haben sich größtenteils bereits aufgelöst. Zurückgelassen haben sie aber die Kotkrümel quasi als Visitenkarte.

Unterscheidung von Mäuse- und Fledermauskot

Mit der Krümelprobe lässt sich Fledermaus- von Mäusekot einfach unterscheiden. Man nehme einen trockenen Kotkrümel zwischen Daumen und Zeigefinger: Lässt er sich leicht zerreiben, ist es zweifelsfrei eine Fledermaus-Hinterlassenschaft (Insektenpanzerreste krümeln sandig, Schuppen von Schmetterlingsflügeln samtartig). Dagegen ist Mäusekot wegen der zähen Pflanzenfasern meist steinhart. Auch die Form von Fledermaus- und Mäusekot ist unterschiedlich. Mäusekot ist tönnchenförmig, einteilig und glattwandig. Fledermauskrümel sind dagegen meist mehrteilig und besitzen eine poröse Oberfläche. Trotz unterschiedlichem Aussehen eignet sich Fledermauskot nicht zur sicheren Artbestimmung. Größenunterschiede und die Anordnung auf dem Dachboden liefern jedoch wichtige Hinweise auf ihre Produzenten.

Wie ist der Fledermauskot zu finden?

Auf dem Dachboden findet man Fledermauskot entweder mehr oder weniger gleichmäßig am Boden verstreut oder nur an ganz bestimmten, klar abgegrenzten Stellen. Im ersten Fall könnte es sich um Langohren, seltener um Hufeisennasen, im letzteren um Mausohren, seltener um Wasser-, Fransen- oder Wimperfledermäuse handeln. Anhäufungen von Fledermauskrümeln liegen oft direkt unter dem Giebel oder überall dort, wo sich in der Dachkonstruktion darüber Spalten und Nischen befinden, beispielsweise rund um Kamine oder ganz genau unter großen Auskehlungen in Dachbalken oder Lücken im Unterdach.

Was ist nach dem Fündigwerden zu tun?

Wer Fledermauskot findet, hat den Beweis, dass auf dem Dachboden Fledermäuse hausten. Vielleicht sind sogar noch einige Tiere anwesend. Wenn Fledermäuse beobachtet wurden, sollte der lokale Fledermausexperte (s. Adressen) verständigt werden. Sind nur Kotkrümel, aber keine Tiere vorhanden, wird folgendes Vorgehen empfohlen:
1. Bleistiftskizze des Dachbodens anfertigen, Türen, Kamine und Fenster einzeichnen.
2. Kotfunde einzeichnen und die Menge der gefundenen Krümel einteilen in:
   – einzelne bis wenige
   – eine Handvoll oder etwas mehr
   – gut ein Liter oder mehr

Kleine Hufeisennase (*Rhinolophus hipposideros*)
Breitflügelfledermaus (*Eptesicus serotinus*)

Braunes Langohr (*Plecotus auritus*)
Gr. Hufeisennase (*Rhinolophus ferrumequinum*)
Gr. Mausohr (*Myotis myotis*)

Fledermauskot verschiedener Arten

Bei hohen Quartiertemperaturen rücken Mausohr-Weibchen auseinander; die Dunkelfärbungen am Hangplatz rühren vom Körperfett der Tiere.

3. Kleine Kotproben (ca. ein Dutzend) in einen kleinen Behälter (z. B. Filmdose, nicht in Tüte, sonst werden die Krümel zerdrückt) einfüllen, evtl. nach Fundplatz beschriften.
4. Alte Krümel zusammenwischen oder mit Zeitungspapier abdecken (für Nachkontrolle: Gibt es frische Krümel, sind noch Tiere da?).
5. Skizze, Kotproben, Funddaten, Fundadresse an Fledermausexperten weiterleiten.
6. Tote Fledermäuse dienen ebenfalls der „Beweissicherung"!

Quartierreinigung als Service und zur Düngergewinnung

Wer im Sommer herausfindet, in welchen Häusern Fledermäuse Unterschlupf gefunden haben, kann im Herbst, wenn die letzten Fledermäuse das Dachbodenquartier verlassen haben, dort unter den Hangplätzen den Kot wegräumen. Bei großen Mausohrkolonien kann dies eine durchaus aufwändige Arbeit sein. Während in der Quartiersaison größtmögliche Zurückhaltung beim Besuch des Dachbodens geboten ist, können dann Helfer mit anpacken. Staub- und allergieempfindliche Personen sollten beim Dachbodenreinigen allerdings eine Schutzmaske tragen. Die Arbeit

wird wesentlich erleichtert, wenn unter dem Hangplatz eine Folie ausgelegt war. Damit eine ungefähre Statistik über das Jahr geführt werden kann, sollte das Gesamtgewicht des trockenen Kotes festgestellt werden. Auch die Totgeburten und Mumien von Fledermäusen, die sich dort fast immer auch finden, sollten gezählt und nach Altersstufen klassifiziert und geordnet werden. Der Kot kann vorsichtig dosiert (wegen des hohen Gehaltes an Harnstoff) als wertvoller Gartendünger verwendet werden.

Biologielehrer können zudem ihre Schüler zu einer einfachen Analyse des Fledermaus-Speisezettels anleiten. Dazu muss der frische Kot zunächst gesammelt werden. Im Schullabor können dann die einzelnen Pellets über Nacht in je 10 ml Wasser aufgeweicht und im Unterricht unter einem Binokular bei 25 bis 40facher Vergrößerung mit einer Pinzette vorsichtig zerzupft werden. Die erkennbaren Flügel-, Bein-, Fühler- und Panzerteile sind Artengruppen zuzuordnen.

Tipp: Biodünger Mausohrkot

Mausohrkot ist reich an Stickstoff und enthält alle Hauptnährstoffe, die Pflanzen benötigen. Nach einer Analyse von Dr. P. E. Zingg, Schweiz, enthält Mausohrkot im Durchschnitt: 5,5 % Stickstoff, 2,1 % Phosphor, 1 % Kalium, 0,6 % Calcium, 0,8 % Magnesium, bei einem pH-Wert von 7,5. Verwendung für Topfpflanzen: 2–3 Esslöffel auf einen Liter Wasser. Eine Woche vor dem Gießen stehen lassen. 3–4 Esslöffel Fledermauskot unter die Erde für einen Blumentopf mischen.

Verwendung im Garten: Bei Starkzehrern (Kohl, Tomaten etc.) Kot oberflächlich einhacken, sonst über den Kompost zugeben. Fledermausschutzgruppen können den Guano eintüten und auf Veranstaltungen für einen symbolischen Preis verkaufen.

Breitflügelfledermaus fliegt
durch Dachbodenquartier.

Schutz und Pflege von Gebäudequartieren

Unsere Fledermäuse nutzen Gebäude vor allem als Tagesruheplätze, Sommerquartiere, Wochenstuben und Zwischenquartiere, gelegentlich auch als Winterquartiere. Geänderte Bauweisen und Baumaterialien, Beseitigung alter Gebäude, technisch perfekte Renovierungen, Wärmedämmung und giftige Holzschutzmittel stellen die Hauptgefährdungsursachen für Gebäudequartiere und ihre Bewohner dar. Die Erhaltung und der Schutz aller bekannten Gebäudequartiere ist das wichtigste Ziel. Vor allem dort, wo im Quartier-Umfeld kleinbäuerlich strukturierte Agrarlandschaften mit Gärten und Streuobstwiesen, Gewässer (naturnahe Fließgewässer, auch nährstoffreiche Stillgewässer) und reich gegliederte Laubwälder und Parks vorhanden sind, sollten Hausquartiermöglichkeiten erhalten oder neu geschaffen werden.

Die Biologen Markus Dietz und Marion Weber vom Arbeitskreis Wildbiologie an der Justus-Liebig-Universität Gießen haben im Rahmen eines mehrjährigen Entwicklungs- und Erprobungsvorhabens im Auftrag des Bundesamtes für Naturschutz ein „Baubuch Fledermäuse" als Ideensammlung für fledermausgerechtes Bauen entwickelt (als Ordner und CD-Rom). Jedem, der sich berufsbedingt und vertieft mit diesem Thema beschäftigt, sei das „Baubuch" empfohlen. In unserem Praxisbuch können aus diesen und eigenen Erfahrungen nur die wichtigsten Tipps genannt werden. Ob wir für den Quartierschutz bei Hausbesitzern und -nutzern etwas erreichen können, hängt ganz entscheidend von unserem Auftreten ab.

Verständnis wecken

Das Überleben der in Gebäuden vorkommenden Fledermäuse hängt immer davon ab, mit welchem Verständnis die Eigentümer oder Bewohner ihnen begegnen. Dieses Verständnis zu wecken und über die liebenswerten und nützlichen Hausgenossen aufzuklären, ist daher die wirksamste Hilfe für Hausfledermäuse. Wichtige Arbeit können hier alle leisten, die sich über die Lebensweise und die Bedürfnisse der Fledermäuse sachkundig gemacht haben. Die Praxis zeigt, dass persönliche, vorher angemeldete Besuche und Gespräche mehr bewirken als bloße Telefonate oder „Schreiben auf dem Dienstweg". Jede Schutzmaßnahme an Gebäuden erfordert individuelle Beratung der betroffenen menschlichen Bewohner, Benutzer oder Eigentümer. Weil Menschen in ihrem engsten Wohnumfeld („Revier erster Ordnung") oft besonders sensibel reagieren, sollten wir bei allem Engagement und bei aller Begeisterung für Fledermäuse den Gesprächspartnern zu erkennen geben, dass wir ihre Ansichten und Bedenken ernst nehmen. Vorurteile abzubauen und eventuell sogar einen Meinungsumschwung herbeizuführen, ist eine schwierige, aber nicht unlösbare Aufgabe. Dazu müssen wir auf unsere Gesprächspartner offen zugehen und ihnen auf nette Art erklären, wer wir sind und was wir wollen. Je sympathischer und kompetenter wir ankommen, desto eher können wir mit ihrem Verständnis für die Belange der Fledermäuse rechnen. Wichtig ist auch die Ansprache der richtigen Zielgruppe. Wenn wir für Fledermausquartiere in Kirchen etwas erreichen wollen, müssen wir mit dem Pfarrer, Küster, Mitgliedern des Kirchenvorstandes, dem Umweltbeauftragten, Kirchenbauabteilungen und Vertretern von Staatsbauämtern sprechen.

„Hausbesuche" mit Beratung der Bewohner oder Eigentümer und Verständnis für ihre Belange helfen den Fledermäusen.

Tipp: „Kuschelturm" für verlorene Fledermausbabys

Alle Jahre wieder kommt es vor, dass vor allem aus Spaltenquartieren außen an Gebäuden kleine, noch nicht flugfähige Fledermäuschen herauspurzeln. Was tun, wenn man vor so einem armen „Abstürzling" steht? Wenn die Mutter noch lebt und das Junge zum Lautgeben kräftig genug ist, wird es von der Mutter in der Regel zurückgeholt. Ist der Quartiereinschlupf bekannt und erreichbar, sollten wir den Winzling dort vorsichtig hineinstopfen. Ist das Quartier unbekannt, hilft ein Tipp der Schweizer Freunde von der Stiftung Fledermausschutz: Aussetzen bei Sonnenuntergang auf dem „Kuschelturm"!

Als Requisiten brauchen wir: Eine größere, glattwandige Schüssel, ein größeres Trinkglas und einen Socken. Vorgehen: Socken über Trinkglas stülpen und glatt streichen. Was vom Socken über den Trinkglasrand hinausreicht, ins Trinkglas hineinstopfen. Das so „besockte" Trinkglas mit der Öffnung nach unten in die Schüssel stellen. Das Trinkglas muss höher als der Schüsselrand sein. Die Schüssel am oder in der Nähe des Fundorts erhöht und katzensicher hinstellen (am besten auf ein Fensterbrett). Das Fledermausjunge bei Sonnenuntergang oben auf den „Kuschelturm" setzen und die ganze Nacht über dort lassen. Es kann, wenn es in die Schüssel fallen würde, nur die sockenbestückte „Wand" erklimmen und nicht aus der Schüssel selbst entfliehen. Neugierige können hinter der geschlossenen Fensterscheibe die „Kindsübernahme" verfolgen. Wird das „Findelkind" nicht von der Mutter abgeholt, gehört es in die Hände erfahrener Fledermauspfleger (Adressen über Fledermaus-Schutzorganisationen – s. Service-Kapitel – erfahrbar).

Fledermausforschung

Wie wir inzwischen wissen, sind Einblicke in die nächtliche Lebensweise dieser Flugkünstler ungeheuer faszinierend, aber auch äußerst schwierig. Um beispielsweise am Leben der Vögel teilhaben zu können, reichen oft Geduld, eine gute optische Ausrüstung und ein gutes Gehör. Sehr viel eher als bei den meisten tagaktiven Vogelarten, müssen dagegen Fledermaus-forscher bei ähnlichen Fragestellungen zur Lebensweise „ihrer" Tiere unterschiedliche Methoden einsetzen.

Wiegen gehört zum Handwerk der Fledermausforscher.

Zusammenarbeit hilft

Wenn Fledermäuse zu Forschungszwecken gefangen, untersucht, „ausgerüstet" oder in ihren Quartieren aufgesucht werden müssen, sind für alle diese Methoden Ausnahmegenehmigungen von den geltenden Naturschutzgesetzen notwendig. Über die Ausnahmegenehmigungen entscheiden die zuständigen Naturschutzbehörden der Länder. Nur Fledermausexperten und -forscher, deren Untersuchungen zum besseren Schutz der Fledermäuse beitragen, erhalten solche Genehmigungen. Oft sind die Fledermausforscher bei ihrer Arbeit auf die Mithilfe erfahrener FledermausfreundInnen angewiesen.

Beringung

Um Informationen über Wanderungen und Lebensweise zu erhalten, wurden und werden Fledermäuse beringt. Früher wurden die Tiere dazu hauptsächlich in ihren Winterquartieren aufgesucht. Heute fangen die Beringer die Fledermäuse meist mit Netzen auf ihren Flugrouten, vor den Sommerquartieren oder beim „Schwärmen" an „Rendezvousplätzen" und vor Winterquartieren. Zur Markierung wird den Fledermäusen eine Aluminium-Klammer so an den Unterarm angelegt, dass sie noch frei verschiebbar ist. Die Klammern werden von Beringungszentralen ausgegeben, sind mit einer Ringnummer und Kurzanschrift versehen und so leicht (0,10–0,19 g), dass sie die Tiere in ihrem Flugvermögen nicht behindern. Die Auswertung der Beringungsergebnisse erfolgt über die Beringungszentralen. Neuerdings werden Fledermäuse auch mit Transpondern individuell gekennzeichnet (12 mm lange und weniger als 2 mm breite Chips, die unter die Haut geschoben oder aufgeklebt werden und mit einem Lesegerät im Nahbereich abgelesen werden können).

Nach dem Netzfang (linke Seite) werden die Fledermäuse bestimmt, vermessen, gewogen, beringt und eventuell besendert (wie hier) und wieder freigelassen.

Eine beringte Wasserfledermaus wird aus dem Netz
befreit.

Großer Abendsegler mit
Telemetriesender

Netzfang

Fledermäuse sind mit Hilfe ihres Echoortungssystems in der Lage, selbst kleinste Strukturen
im Raum zu erkennen. Dennoch lassen sie
sich unter Ausnutzung des Überraschungsef-
fektes (d. h., wenn die Tiere nicht mit Hinder-
nissen „rechnen", wie z. B. auf angestammten
Flugrouten oder vor dem Quartierausschlupf)
mit feinmaschigen und dünnfädigen Nylon-
Japannetzen fangen. Die Netze (2–15 m × 3–4,5
m) werden an potenziellen Flugwegen oder im
Spätsommer/Frühherbst auch vor Winterquartieren aufgestellt. Mindestens zwei geübte Personen müssen die Netze überwachen, um jedes gefangene Tier sofort entnehmen zu
können. Bei den „Fänglingen" kann das Ge-
schlecht, das ungefähre Alter (Jung- oder Alt-
tier) und der Reproduktionszustand (z. B. säu-
gende Weibchen anhand der Zitzen) festgestellt werden. Bei bereits beringten Tieren wird
die Ringnummer abgelesen. Auch Parasiten im
Fell der Tiere können zur Bestimmung abge-
sammelt werden. Außerdem hilft der Netzfang
beim Nachweis akustisch schwer erfassbarer/
unterscheidbarer Arten. Nach der Untersuchung (Messen und Wiegen) werden die Tiere
vor Ort wieder freigelassen. Neben Japannetzen werden zum Fledermausfang manchmal
auch Schmetterlings-/Handnetze oder so
genannte „Harfenfallen" (die Fledermäuse fliegen gegen harfenartig gespannte Drähte und
fallen in einen Fangbehälter) eingesetzt.

Telemetrie

Das Tier wird mit einem Sender versehen, dessen Signale von einem Empfänger geortet werden können. Mit dieser Methode werden Fledermäuse individuell beobachtbar. Die rund
0,5 g schweren Sender werden den gefangenen
Tieren ins Rückenfell geklebt. Sie betragen
etwa 5–7 % des Körpergewichts der Fledermaus, haben batteriebetrieben eine theoreti-
sche Lebensdauer von 2–3 Wochen, lösen sich
jedoch meist schon nach einer Woche ab. Die
Sender produzieren wie Funktürme elektro-
magnetische Wellen und können auf Distanzen zwischen 100 und 2000 m empfangen
werden. Ein Teil der sich kugelförmig ausbrei-
tenden Wellen erreicht die Empfangsantenne,
bringt sie in Schwingung und leitet so das Signal an den kofferradiogroßen Empfänger weiter. Der beste Empfang besteht dann, wenn
Sender und Empfänger in Resonanz sind. Dabei wird auch die genaue Sendefrequenz ange-
zeigt, wodurch jedes telemetrierte Tier einzeln
zu erkennen ist. Die Richtung der Fledermaus
erhält man durch Schwenken der Empfangsantenne. Sobald diese genau senkrecht zur ein-
laufenden Welle steht, ist das empfangene Signal am lautesten. Mit der Telemetrie können
Jagdgebiete und Aktionsräume nachgewiesen
werden. Flugwege, Aktivitätsrhythmik und
Quartierwechsel werden erkennbar. Auch kann
man sich schwer auffindbare Quartiere von
den Sendertieren „zeigen lassen".

Wasserfledermaus wird mit
Knicklicht kurzzeitig zum
„Glühwürmchen".

Fledermausforschung ist
nächtliche Teamarbeit: hier
Wiegen und Vermessen.

„Knicklichter"

Um Informationen zum Jagdverhalten (Jagd-
höhen, Nutzung von Strukturen) zu erhalten,
werden manchmal gefangene Fledermäuse mit
„Knicklichtern" ausgestattet. Das sind im
Anglerbedarf erhältliche, ca. 2–4 cm lange
Plastikröhrchen mit 3–5 mm Durchmesser und
0,2 g Gewicht. Auf der Basis einer Enzymreak-
tion wird der flüssige Inhalt zum Leuchten
(grün oder rot) gebracht, indem durch Knicken

des Röhrchens eine innenliegende Kapsel aufgebrochen wird. Die temperaturabhängige
Leuchtdauer beträgt ca. 4–5 Stunden. Mit
wenig Kleber (z. B. Sekundenkleber) am
Rücken der Fledermaus an den Fellspitzen
befestigt, kann das jagende Tier als „Leucht-
punkt" direkt beobachtet werden. Spätestens
nach einem Tag fällt das Knicklicht ab oder
wird von dem Tier abgekratzt. Auch der Einsatz von Nachtsichtgeräten kann beim Fleder-
mausbeobachten sinnvoll sein.

Durch den Einsatz von
Infrarot-Lichtschranken
können einfliegende Tiere
automatisch registriert
werden.

Fledermaus-Herbst

Jetzt beginnt die „Hauptreise-
und Umzugszeit" der Fledermäuse. Nach dem Selbststän-
digwerden der Jungtiere wird
„umgezogen", geht es auf
Erkundungsflug oder sogar auf
„Fernreise". Nun ist die „Hoch"-
zeit der Fledermausmänner.
Vor allem die Jungtiere erkunden jetzt jeden potenziellen
Unterschlupf, vor allem auch im
Hinblick auf Winterquartier-
Tauglichkeit. Im Herbst gilt es,
die Fledermausquartiere zu
erhalten und eventuell sogar
ganz neue zu schaffen.

Quartiere schaffen & erhalten S. 70

Fliegende Verkehrsteilnehmer S. 80

Quartiere schaffen & erhalten

Vor allem die Sommer- (Wochenstuben-) und Winterquartiere sind für die Fledermäuse überlebenswichtig. Weil Gebäudequartiere oft über ganze Fledermausgenerationen hinweg genutzt werden, sind sie zu Recht gesetzlich geschützt. Bei Sanierungs- und Umbaumaßnahmen müssen die Ansprüche des Bauherren mit denen der Tiere in Einklang gebracht werden. Bei rechtzeitiger Information und Vorbereitung ist dies in den allermeisten Fällen möglich.

Mausohr-Hochzeitsstube: Im Herbst bekommen die solitären Männchen (vorn) regelmäßig Damenbesuche.

Vorbereitungen auf den Winter

Im Herbst ist die „Hoch"zeit der Fledermausmänner. Beim Großen Mausohr bekommen die Männchen nächtens regelmäßig Damenbesuch „der Liebe wegen". Für die Männchen von Spalten- und Baumhöhlen bewohnenden Arten reicht Warten auf Weiblichkeit allein nicht aus: Abendsegler locken aus ihrem (Baum-)quartier singend die Geschlechtspartnerinnen an, bei Zweifarbmännern gehört auch das „Schaufliegen" um Felszinnen, ersatzweise um Kirchtürme, zur Balz. Vor allem die Jungtiere erkunden jetzt jeden potenziellen Unterschlupf, vor allem auch im Hinblick auf Winterquartier-Tauglichkeit – und verfliegen sich, wenn sie Zwergfledermäuse sind, dabei leicht einmal in menschliche Wohnräume. Manche Arten geraten beim Erkunden ins „Schwärmen", indem sie in großen Trupps immer wieder Quartiere an- und umfliegen. Auch das Wandern über Hunderte von Kilometern zu den Winterquartieren ist im Herbst einiger Fledermausarten Lust. Nach dem Verlassen der Sommer- und Wochenstubenquartiere gilt es, die Fledermausquartiere zu erhalten (vor allem bei anstehenden Renovierungen), eventuell sogar zu verbessern oder für einige Arten auch neue Quartiere zu schaffen.

Wasserfledermäuse umschwärmen ein Baumquartier.

Was vorab zu klären ist

Sind in dem Gebäude Fledermäuse tatsächlich nachgewiesen oder ist es zumindest fledermausverdächtig? Fledermauskundler wissen darüber oft Bescheid oder können das Gebäude fachgerecht inspizieren. Für Bauarbeiten an einem Fledermausquartier muss formal bei der zuständigen Naturschutzbehörde eine Ausnahmegenehmigung nach § 31 Bundesnaturschutzgesetz beantragt werden.

Welche Fledermäuse und wie viele besiedeln das Gebäude? Obwohl jedes Fledermausquartier erhaltenswert ist, sind die Quartiere seltener Arten und/oder großer Kolonien besonders wertvoll und machen möglicherweise eine vertiefte Untersuchung und sehr detaillierte Planung zur Erhaltung und Verbesserung des Quartiers notwendig. Ist es ein Sommer- oder Winterquartier? Davon ist der Zeitplan für die Bauarbeiten abhängig, wie auch Details für die Quartiererhaltung (Quartierklima, bauliche Besonderheiten).

Bei Wochenstubenquartieren sind Bauarbeiten von Mitte September bis Anfang April möglich, bei Winterquartieren von Mitte April bis Ende Juli. Schwierig wird es bei Quartieren, die ganzjährig genutzt werden; da ist der April meist der günstigste Zeitpunkt. In enger Abstimmung mit Fledermauskundlern sind manchmal auch andere Zeiten möglich oder notwendig.

Welche Strukturen des Gebäudes werden als Hangplätze genutzt? Soweit wie möglich müssen alle Hangplätze, die von den Fledermäusen meist nach bestimmten klimatischen und räumlichen Eigenschaften ausgewählt werden, erhalten bleiben. An den Hangplätzen (bei frei hängenden Arten im gesamten Dachraum) dürfen keine Fledermaus gefährdenden Holzschutzmittel verwendet werden. Welche Öffnungen werden für Ein- und Ausflug bzw. Ein- und Ausschlupf genutzt? Einflüge und Einschlupfe müssen wie die Hangplätze möglichst erhalten oder gleichwertig ersetzt werden.

Holzschutzbehandlung

In den 1960er und 1970er Jahren wurden als Holzschutzmittel sehr giftige Präparate verwendet, z. B. PCB (Pentachlorphenol)- und lindanhaltige Mittel, die zu hohen Verlusten in Fledermausquartieren führten. An ihren Hangplätzen kommen die Fledermäuse über ihr Fell und ihre Flughäute mit den Mitteln gegen Holz zerstörende Insekten oder Pilze in Kontakt. Weil sich die Tiere intensiv putzen und vor allem ihre Flughäute belecken, werden die giftigen Wirkstoffe über den Mund aufgenommen oder auch eingeatmet. Zum Teil reichern sich solche Stoffe im Fettgewebe der Fledermäuse an, um bei dessen Abbau während des Winterschlafs oder in der Säugephase konzentriert freigesetzt zu werden.

Obwohl diese Präparate mittlerweile zum Teil verboten sind, sterben heute noch Tiere daran, wenn in sehr heißen Sommern die giftigen Holzschutzmittel aus vor über 20 Jahren behandelten Dachkonstruktionen ausdünsten. Wenn organische Lösungsmittel beim Holzschutz verwendet wurden, können diese nach der Verdunstung noch in hoher Konzentration in der Luft der Innenräume vorhanden sein und die zurückkehrenden Quartierbewohner vergiften.

Ziel aus Sicht des Fledermausschutzes muss sein, in Fledermausquartieren bei allen Holzteilen, mit denen die Fledermäuse Kontakt haben, auf chemischen Holzschutz zu verzichten. Wenn die gültige Holzschutz-DIN 68 800 konsequent angewendet und alle technischen Möglichkeiten ausgeschöpft werden, ist dies grundsätzlich möglich. Beim Heißluftverfahren werden (in Abwesenheit der Fledermäuse) alle Holzschädlinge abgetötet.

Das Heißluftverfahren ist eine fledermausfreundliche Holzschutzbehandlung.

Nach Renovierungen halten Mausohren an alten Hangplätzen (dunkles Holz) fest.

Info: Holz zerstörende Insekten und Pilze

Nur wenige Trockenholzinsekten können Bauholz schädigen, weil sie sich in lufttrockenem, verbautem Holz entwickeln. Wichtigste Bauholzbewohner sind:

▶ Der **Hausbockkäfer** *(Hylotrupes bajulus)* befällt nur Nadelholz. Seine Larven fressen sich nur durch Splintholz, Kernholz wird nicht befallen (s. Foto unten).

▶ Der **Gewöhnliche Nagekäfer** *(Anobium punctatum)*, der „Holzwurm", bevorzugt kühlere und feuchtere Orte als der Hausbock, nur selten auf warmen Dachböden.

▶ Der **Braune Splintholzkäfer** *(Lyctus brunneus)*, eingeschleppt aus den Tropen, befällt auch Splintholz von einheimischen Laubholzarten, geht nicht an Nadelholz.

Bei **Holzpilzen** gilt es, Holz verfärbende und Holz zerstörende Arten zu unterscheiden. Nur Letztere verlangen bei Befall tragender Bauteile Gegenmaßnahmen.

▶ Der **Echte Hausschwamm** *(Serpula lacrimans)* befällt bevorzugt Nadelholz.

▶ Der **Braune Keller- oder Warzenschwamm** *(Coniophora puteana)* benötigt zur Entwicklung sehr feuchtes Holz mit über 30 % Feuchtegehalt.

▶ Der **Weiße Porenschwamm** *(Antrodia vaillantii)* befällt vorwiegend Nadelholz mit hohem Feuchtegehalt.

▶ **Blättlinge** *(Gloeophyllum spec.)* befallen vor allem Außenbauteile, aber auch stark feuchtes Holz in Innenräumen.

Wichtige Grundregeln

▶ Bei allen Arbeiten an Fledermausquartieren so früh wie möglich (schon bei der Planung) Fledermausspezialisten hinzuziehen.

▶ Unabhängig von der Wahl der Holzbehandlungsmethode dürfen Arbeiten in Dachstöcken, in denen Fledermäuse leben, erst nach Wegzug der Tiere aus dem Quartier (meist ab Oktober) durchgeführt werden und müssen zwei Monate vor deren Rückkehr (in der Regel im Januar) abgeschlossen sein, damit für die Fixierung der aktiven Substanzen genügend Zeit bleibt.

▶ Als Alternative zum Einsatz von Holzschutzmitteln bietet sich das ungiftige „Heißluftverfahren" an (s. Adressen).

▶ Empfohlen werden alle Holzschutzmittel, die entweder im Tierversuch mit Fledermäusen getestet wurden oder deren Zusammensetzung mit solchen Mitteln vergleichbar ist (Listen der empfohlenen Holzschutzmittel über Schutzorganisationen erhältlich).

▶ Kommen diese giftfreien Methoden nicht in Frage, sind Produkte auf Basis von Salz- (Borsalz-)Lösungen zu verwenden.

▶ Erst als letzte Möglichkeit organische Verbindungen in Betracht ziehen.

Verbesserung und Neuschaffung von Gebäudequartieren

Nach einer Holzschutzbehandlung oder wenn neue Balken und Bretter eingezogen wurden, sollten unbehandelte Bretter an den bevorzugten Hangplätzen der Tiere über die behandelten Balken genagelt werden (nach Möglichkeit die alten Hangbretter verwenden. Sie sind an der Dunkelfärbung zu erkennen, die vom Körperfett der Tiere herrührt.).

▶ Auf Dachböden mit Fledermauskolonien keine Ansiedlungsversuche für Schleiereulen durchführen. Beide Tierarten können friedlich nebeneinander leben, aber Schleiereulen lernen manchmal, sich von Fledermäusen zu ernähren.

▸ Verschlossene Dachböden von Kirchen, Schlössern, alten Schulhäusern und ähnlichen Gebäuden wieder für Fledermäuse zugänglich machen: Einbau eines taubensicheren Fledermaus-Durchflugs in vorhandene Dachflächenfenster, taubensichere Einflugspalten in Giebelfenster, Schleppgauben, Schallläden oder Fledermausziegel einbauen.

▸ Auch bei Privathäusern und Neubauten ruhige und ungenutzte Dachabteile durch Schaffung von Einflug- und Einschlupfmöglichkeiten den Fledermäusen offen halten.

▸ Für Fledermausarten, die Spaltenquartiere bevorzugen, Einflugschlitze hinter Holz- und Wandverkleidungen (innen und außen) erhalten oder neu schaffen, Fledermausbretter und Fledermaussteine anbringen (s. Bauanleitungen).

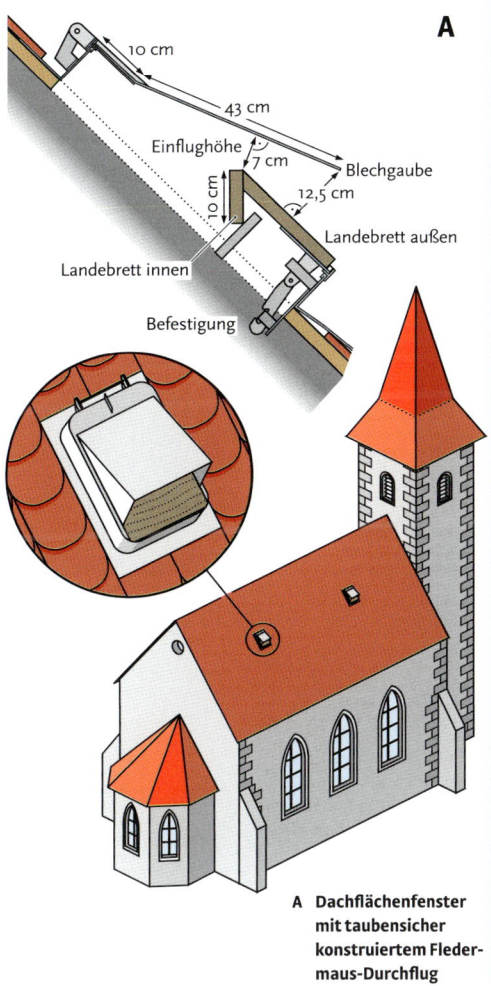

A Dachflächenfenster mit taubensicher konstruiertem Fledermaus-Durchflug

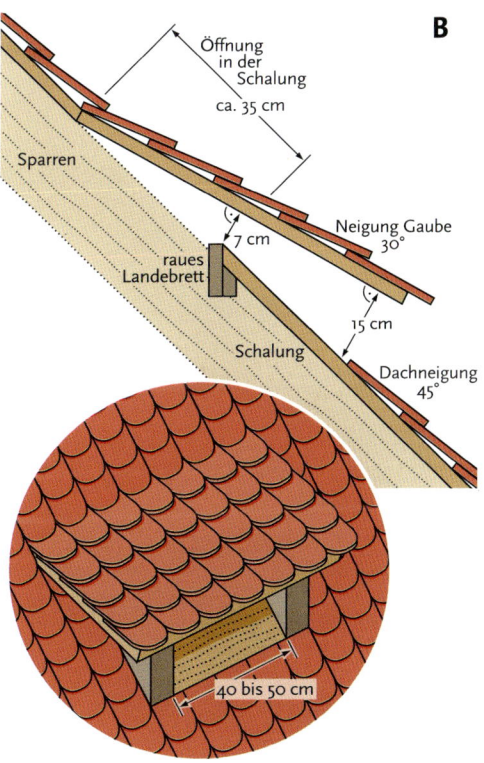

B Nachträglich ins Dach eingebaute Schleppgaube mit taubensicherem Fledermauseinflug: Während Fledermäuse problemlos ins Dachbodenquartier ein- und ausfliegen können, bleiben die unerwünschten Straßentauben draußen.

C

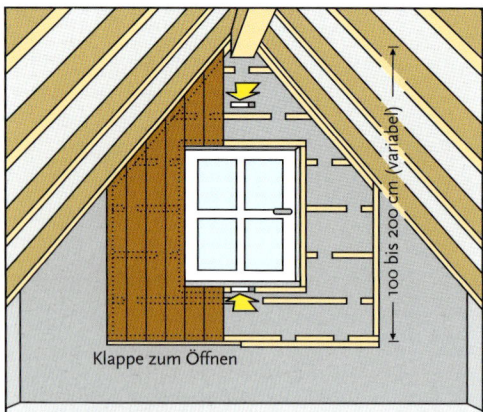

100 bis 200 cm (variabel)

Klappe zum Öffnen

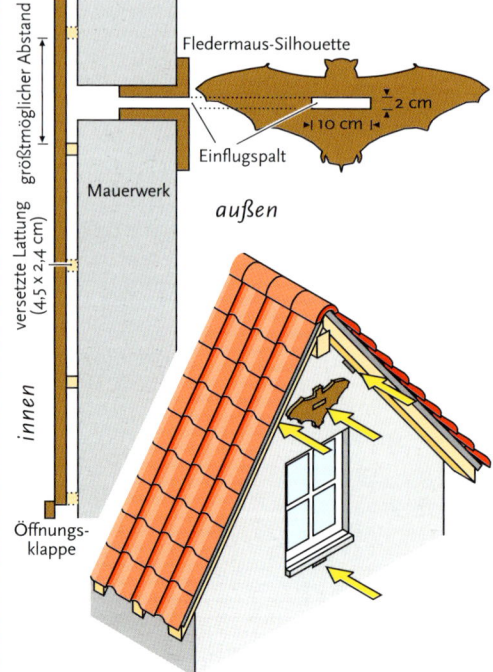

größtmöglicher Abstand

versetzte Lattung (4,5 × 2,4 cm)

innen

Mauerwerk

außen

Fledermaus-Silhouette

2 cm

10 cm

Einflugspalt

Öffnungs-klappe

D

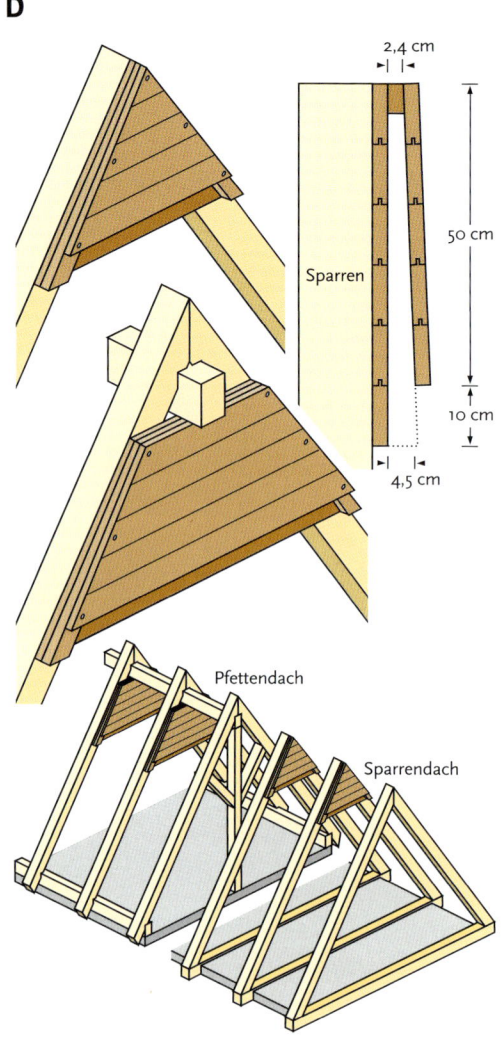

2,4 cm

Sparren

50 cm

10 cm

4,5 cm

Pfettendach

Sparrendach

C Spaltenquartier als Giebelver-
kleidung (innen) mit Ein-
schlupf-Varianten (Pfeile):
An der Fledermaus-Silhouette
aus rauem Holz können sich
die Tiere festkrallen und sie
ist zudem ein Symbol für fle-
dermausfreundliches Bauen.

D Konstruktionsvorschläge
zum Einbau von Spalten-
quartieren in Sparren- und
Pfettendächer (v. a. für
Große Mausohren, Lang-
ohren, Fransenfleder-
mäuse); Materialkosten
pro Spaltenquartier
ca. 25 €; Arbeitsaufwand
2–5 Std. (s. Foto S. 56)

E

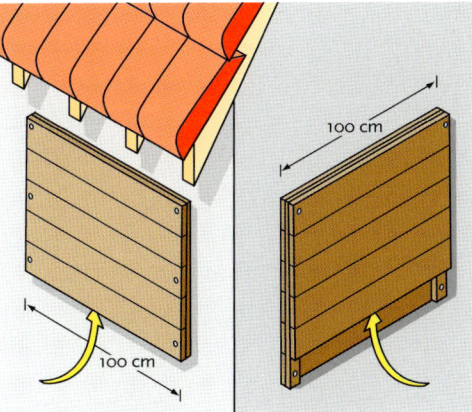

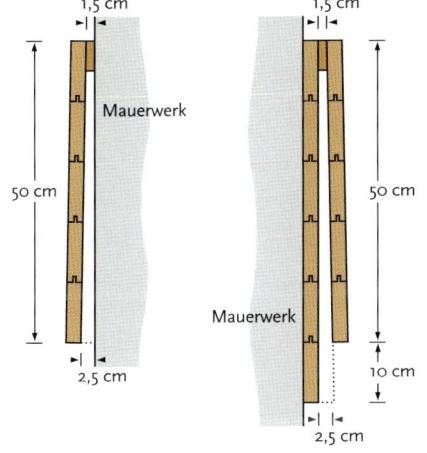

F

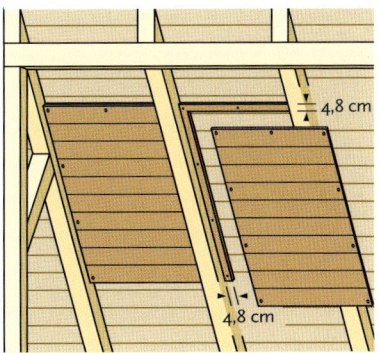

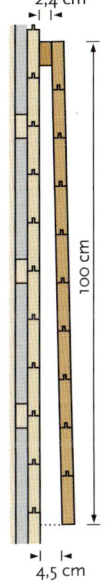

E Konstruktionsvorschläge
   für Fledermausbretter
   am Haus einfach (links)
   und doppelwandig
   (rechts) für spaltenbe-
   wohnende Arten wie
   Zwerg-, Rauhaut-,
   Bart-, Breitflügelfleder-
   mäuse; Materialkosten
   ca. 25 €, Arbeitsaufwand
   3–4 Std.

F Konstruktionsvorschlag
   für Spaltenquartier im
   Sparrenfeld eines einge-
   schalten Daches, Zugang
   von innen (v. a. für Große
   Mausohren, Langohren,
   Wimperfledermäuse);
   Materialkosten ca. 30 €
   pro m² Quartierfläche,
   Arbeitsaufwand 4–5 Std.

G Spaltenquartier hinter dem Streichbalken. Bei noch un-verputzten Häusern ist oft zwischen diesem Balken und Hauswand ein 1–2 cm breiter Spaltraum; durch Aussparen eines 1,5–2 cm breiten Spaltes an der obe-ren Putzkante unterhalb des Streichbalkens (oder Freistemmen bei bereits verputzten Häusern) ent-steht ein Spaltenquartier.

H Konstruktionsanleitung für Spaltenquartier als Giebel-verkleidung außen mit Ein-flugspalten oben und unten (z.B. für Zwerg-, Bart-, Rau-haut-, Breitflügel-, gele-gentlich auch Mops- und Fransenfledermäuse)

I Konstruktionsanleitung für Spaltenquartier im aufge-stockten Satteldach (außen) als Aufsicht und Querschnitt (für Zwerg-, Bart- und Breitflügelfleder-mäuse, bei höheren Gebäu-den auch Abendsegler)

G

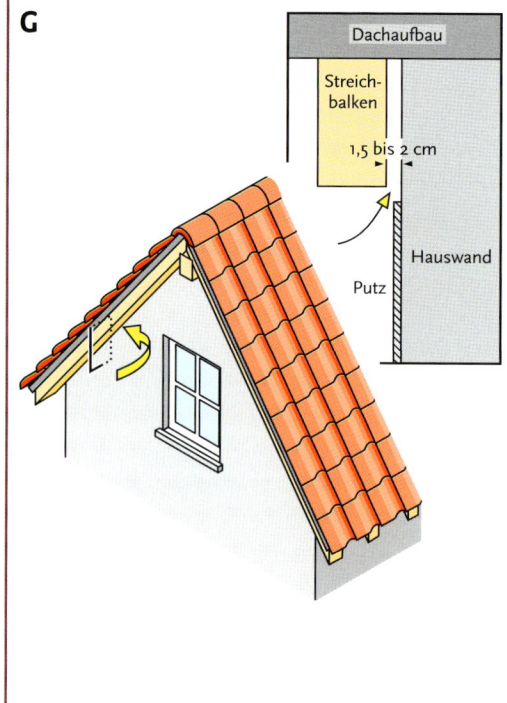

Tipp: Fledermäuse im Zimmer – was tun?

Überrascht ist jeder, erschreckt mancher, wenn eine einzelne Fledermaus oder sogar eine ganze Gruppe im Zimmer umherfliegt oder in der Gardine, an Zimmerwand und Zimmerde-cke hängt. Einzeltiere im Sommer haben sich einfach nur beim Quartieranflug oder auf der Insektenjagd verflogen. Das „Auftreten" in Gruppen vor allem im Spätsommer/Frühherbst deutet auf Erkundungsflüge hin, die für das Kennenlernen von Quartiermöglichkeiten vor allem bei jungen Zwergfledermäusen wichtig sind. Wenn sich ein Tier akustisch bemerkbar macht, ist das für die anderen offensichtlich das Signal, dort hinzufliegen. Dieses Locken kann tödlich enden, wenn die Tiere beispielsweise nicht mehr aus glattwandigen Gefäßen (Vasen) herauskrabbeln können. Verscheuchen der kleinen Invasoren nutzt wenig. Wenn sich die Tiere ins Zimmer verirrt haben, sind sie von selbst bestrebt, auch wieder hinauszukom-men. Wenn ab Dämmerungsbeginn Fenster oder Terrassentüren weit geöffnet werden und das Licht aus bleibt, fliegen sie in der Regel wieder heraus. Sitzende oder hängende uner-wünschte Besucher lassen sich vorsichtig mit einem Tuch hochnehmen und sollten bis zum abendlichen Freilassen in einen Karton gesetzt werden. Fledermauskundler sind beim Fang und beim Freisetzen gerne behilflich. In Zimmer verflogene Fledermäuse machen weder einen Feuerwehr- noch einen Polizeieinsatz erforderlich!

H

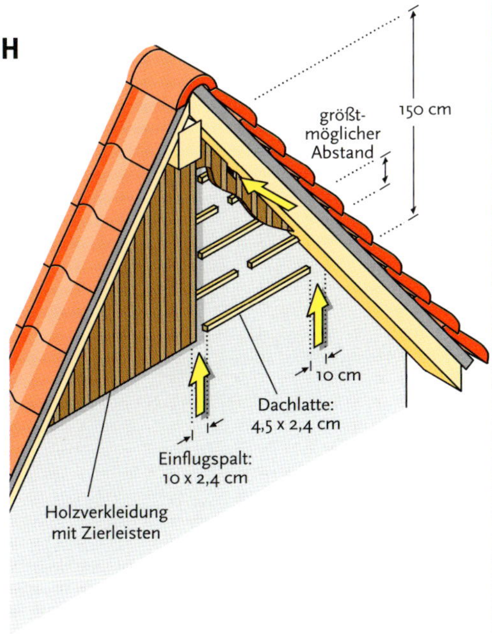

150 cm

größt-
möglicher
Abstand

10 cm

Dachlatte:
4,5 x 2,4 cm

Einflugspalt:
10 x 2,4 cm

Holzverkleidung
mit Zierleisten

I

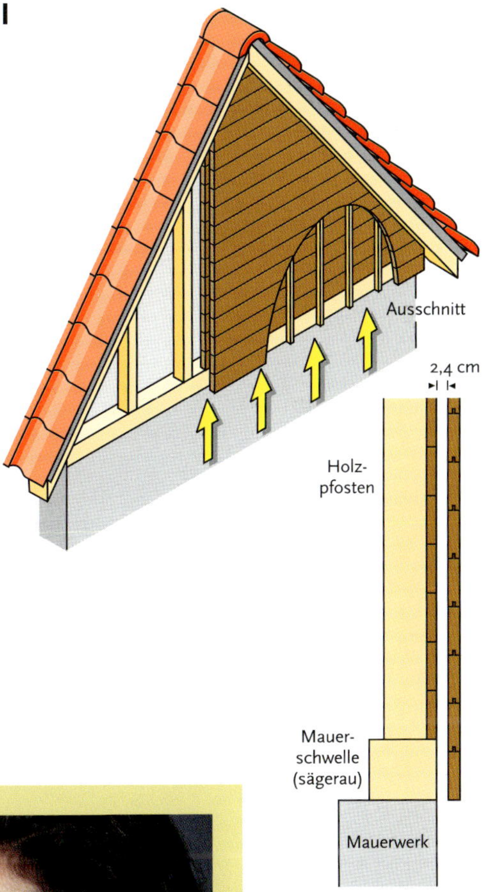

Ausschnitt

2,4 cm

Holz-
pfosten

Mauer-
schwelle
(sägerau)

Mauerwerk

Fliegende Verkehrsteilnehmer

Fledermäuse leben unter uns. Sie wohnen als Untermieter in unseren Häusern und jagen ihre Beute in Parks und Gärten mitten in der Stadt. Trotz des Verkehrslärms können ihnen sogar große Autobahn- und Bundesstraßenbrücken als Quartier dienen. Aber die Verkehrswege und Windkraftanlagen lassen das Verhalten dieser Tiere nicht unberührt.

Diese Tiere gehören einer Mausohr-Wochenstubenkolonie aus 200 Weibchen an, die im Bogen einer Spannbetonbrücke hängen.

Brücken als Fledermaus-quartiere

Die beiden hessischen Fledermausschützer Josef Koettnitz und Roland Heuser untersuchen mit Genehmigung der Straßenbauämter und Autobahnmeistereien seit 1990 systematisch die zahlreichen Brückenbauwerke im hessischen Lahn-Dill-Kreis („Sauerlandlinie"). Nach den Erfahrungen dieser „Brückenspezialisten" dienen die Bauwerke mindestens neun Fledermausarten vor allem als Zwischen- und Winterquartiere. Am häufigsten fanden sie dort Mausohren und Zwergfledermäuse. Als Hangplätze nutzen die Tiere in den Brücken

▸ alle Ecken, Winkel, Kanten der Hohlkästen unter den Fahrbahnen (Brückenwannen),
▸ raue Stellen an Wänden und Decken der Hohlkästen und Widerlager,
▸ Elektroleitungen, Drahtkäfige um Lampen,
▸ Gussgrate der Einschalungen beim Brückenbau,
▸ offene Konstruktionslöcher in der Decke der Hohlkästen,
▸ Nischen und innere Maueröffnungen für Abwasserleitungen,

▸ alle Arten von Dehnungsfugen (auch mit Füllmaterial!),
▸ die Übergangskonstruktionen (Stahl-Gummi-Platten),
▸ die Hohlräume der Widerlagerkammern,
▸ Spalten außerhalb der Brückenhohlräume zwischen Kragarm und Gesims (unter Fahrbahnrändern)
▸ Pfeilerinnenwände
▸ nach unten offene Winkel von Vollbeton-, Längs- und Querträgern unter den Fahrbahnplatten,
▸ Wasserableitungsrohre am Boden der Widerlagerkammern,
▸ Kernlochbohrungen in der Decke der Hohlkästen, die durch Materialprüfung entstanden sind.

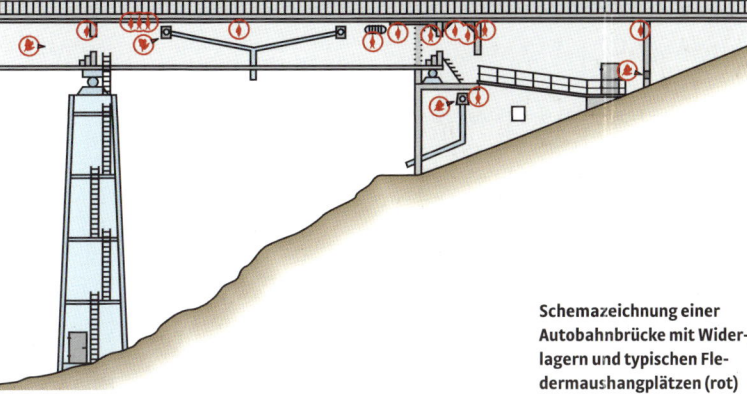

Schemazeichnung einer Autobahnbrücke mit Widerlagern und typischen Fledermaushangplätzen (rot)

Im Herbst ist die große
Umzugszeit, auch für
Wasserfledermäuse.

Straßenbrücken können konstruktionsbedingt auch zu Todesfallen für Fledermäuse werden, wenn die Tiere z. B. auf Grund des „Schornstein- oder Vaseneffektes" aus einigen Brückenteilen nicht mehr herausgelangen (glatte Wände, Fliegen nicht möglich). Auch die Benutzung von Wasserleitungsrohren oder ein ungeeignetes Mikroklima in Brücken können den Tod bedeuten. Wie wichtig Kenntnisse über Fledermausvorkommen in Brücken sind, sei mit zwei Beispielen beleuchtet.

Das gut untersuchte Quartierverhalten einer über 200-köpfigen Mausohr-Wochenstubenkolonie im Bogen einer Spannbetonbrücke (Echelsbacher Brücke über die Ammer, Oberbayern) war Voraussetzung, dass die Sanierung der Brücke zeitlich mit den Fledermausbedürfnissen abgestimmt und ohne Tierverluste durchgeführt werden konnte.

Mithilfe von Infrarot-Videokameras gelang der Nachweis, dass in den Mauern der Levensauer Hochbrücke über dem Nord-Ostsee-Kanal bei Kiel, Schleswig-Holstein, mehr als 5000

Abendsegler und 2000 Zwergfledermäuse überwintern. Erst diese Beweisführung führte zur erfolgreichen Erhaltung des größten mitteleuropäischen Abendseglerquartiers.

Achtung: Das eigenständige Begehen von Straßenbrücken ist nicht nur lebensgefährlich, sondern aus Sicherheitsgründen auch strengstens verboten. Untersuchungen von Brückenbauwerken dürfen nur in Abstimmung und in Begleitung von zuständigen Mitarbeitern der Straßenbauämter und von erfahrenen, organisierten Fledermausschützern durchgeführt werden!

Einflüsse von Verkehrswegen

Während Fledermäuse Brückenbauwerke gelegentlich als Quartiere nutzen, können Straßen in zweifacher Hinsicht für die Tiere problematisch werden.

1. Für einige Fledermausarten, die bevorzugt entlang von Vegetationsstrukturen oder über

Große Hufeisennase überquert Straße. Es kann zu Kollisionen mit Autos kommen.

offenen Flächen mit hohem Insektenaufkommen jagen, können Straßen infolge erhöhter Kollisionsgefahr mit Fahrzeugen, zumindest zu bestimmten Jahreszeiten und eventuell räumlich begrenzt, einen erheblichen Risikofaktor darstellen. Bis 1996 konnte mit mehreren Umfragen unter Fledermausspezialisten ermittelt werden, dass mehr als 300 Fledermäuse aus 19 verschiedenen Arten im Straßenverkehr in Deutschland umkamen oder verletzt wurden. Mit weitem Abstand am häufigsten unter den Verkehrsopfern war die Zwergfledermaus, vor Abendsegler, Breitflügelfledermaus, Braunem Langohr und Mausohr. Lediglich die bei uns sehr seltene Wimperfledermaus fehlt noch in der Verkehrsopferstatistik. Der Fledermausexperte Hennig Vierhaus fand in nur 20 Frühjahrstagen an einer Bundesstraße südöstlich Siegen (Belz) in Westfalen wenigstens 17 Zwergfledermäuse als Verkehrsopfer. Er nimmt an, dass der Autoverkehr diese Art dezimieren kann. Joachim Haensel und Wolfgang Rackow finden die höchsten Verkehrsopferraten in den Monaten Juli/August. Die Fledermausexperten führen dies auf die Aktivitäten vieler noch unerfahrener Jungtiere zurück, verweisen aber auch auf einen möglichen Zusammenhang zwischen Balzaktivitäten und erhöhtem Umherfliegen in dieser Zeit. Meist prallen die Fledermäuse mit Pkws zusammen, die bei den wenigen belegten Fällen um 80 km/h fuhren.

2. Für Arten, die auf Grund ihrer Echoortungsleistung bevorzugt strukturgebunden fliegen, können Straßen wegen niedriger Überflughöhen ein erhöhtes Kollisionsrisiko bedeuten, breitere Straßen sogar als Barrieren wirken. Untersuchungen an Wimperfledermäusen in Oberbayern zeigen, dass die Koloniemitglieder eine zwischen ihrem Quartier und den Hauptjagdgebieten liegende Autobahn nicht auf dem kürzesten Weg überflogen. Sie nahmen vielmehr (auf Kosten eines höheren Energieverbrauchs) Umwege in Kauf und unterquerten die Autobahn an einer Straßen- und einer Fahrradunterführung, die beide von

Manche Fledermauskolonien überqueren Straßen auf ihrem Flug ins Jagdgebiet an ganz bestimmten Stellen, oft in Baumkronenhöhe. Ein guter Platz für Beobachtungen!

Grünstrukturen als „Leitlinien" begleitet waren. Eine dem Quartier und Jagdgebiet als Verbindungsmöglichkeit näher gelegene Autobahnüberführung hatte keine linearen Grünstrukturen aufzuweisen und wurde von den Wimperfledermäusen nicht genutzt. Der Luxemburger Fledermausfachmann Jacques Pir fand bei seinen Großen Hufeisennasen, dass die Koloniemitglieder regelmäßige Flugrouten auf ihrem Weg in die Jagdgebiete außerhalb des Dorfbereichs benutzten. Die zwischen dem Quartier und der Mosel verlaufende breite Nationalstraße schien für die Tiere eine unsichtbare Grenze zu bilden.
Mit einem aufwändigen Experiment, bei dem Mausohren vor ihrem Wochenstubenquartier unterschiedliche Möglichkeiten einer Straßenquerung angeboten wurden (von Unterführung bis Grünbrücke), konnten Malte Fuhrmann und Andreas Kiefer zeigen, dass durch geeignete Strukturen (lineare Grünstrukturen in Kombination mit Grünbrücke) die zu erwartende Barrierewirkung bei einem Straßenneubau sehr wohl gemildert bzw. sogar aufgehoben werden kann. In Anbetracht des gesetzlichen Schutzes der Fledermäuse (v. a. auch als Fauna-Flora-Habitat-Richtlinien (FFH)-Arten) sind Straßenbauverwaltungen

gut beraten, beim Neu- und Ausbau von Verkehrswegen mit dem Naturschutz und Fledermausspezialisten möglichst frühzeitig Untersuchungen zur eventuellen Trennwirkung bzw. zu „Überbrückungsmöglichkeiten" anzugehen (z. B. im Rahmen der FFH-Verträglichkeitsprüfung). Kenntnisse über Flugwege und Jagdgebiete von Fledermauskolonien von örtlichen Fledermausschützern können für solche Planungen sehr wichtig sein. Die Unzerschnittenheit von Lebensräumen bleibt auch im Fledermausschutz ein besonderes Schutzgut, dem in der Abwägung ein herausgehobener Stellenwert zuerkannt werden sollte!

Kampf mit Windmühlenflügeln? Fledermäuse und Windenergieanlagen

Windräder stellen eine umweltfreundliche Energiequelle dar. Inzwischen weiß man aber auch aus Untersuchungen, dass diese modernen „Windmühlen" an bestimmten Standorten als Vogelscheuchen wirken. Einige Vogelarten, die hauptsächlich akustisch miteinander kommunizieren, wie Wachtelkönig und Wachtel, meiden wegen der Rotorgeräusche die Umgebung von Windenergieanlagen als Brutplatz. Eulen, die ihre Beute akustisch lokalisieren, können durch Windräder Jagdgebiete verlieren. Zugvögel weichen beim bodennahen Flug rotierenden Windrädern aus. In bestimmten Situationen können Rastvögel durch Windenergieanlagen Rastgebiete verlieren. Schließlich kommt es auch zu tödlichen Kollisionen von Vögeln mit Windrädern.

Nachweislich kamen in Deutschland, Spanien, Schweden, USA und Australien schon weit über 1000 Fledermäuse an Windkraftanlagen um. Abhängig von Standort und Betriebsdauer kommen pro Anlage Null bis 50 Fledermäuse im Jahr um. Neuste Untersuchungen in Deutschland zeigen, dass Fledermäuse vor allem während der Zugzeit an den Rotoren zu Tode kommen können. Dabei müssen die Tiere die drehenden Rotoren gar nicht berühren. Viele sterben durch ein Barotrauma, indem ihre Lungenbläschen durch den von den Rotoren erzeugten Druckabfall platzen. In Schweden wurde beobachtet, dass sich im Nabenbereich auf Grund der entstehenden Reibungswärme viele Insekten sammeln, die die nächtlichen Jäger anziehen.

Wenn Fledermäuse zugängliche Turbinengehäuse als Verstecke aufsuchen und dort in Lethargie verfallen, können sie von Zahnrädern verletzt oder zerquetscht werden. Anlagen, deren Rotoren Ultraschall bis 32 kHz emittieren, werden von jagenden Breitflügelfledermäusen, deren Ultraschallrufe in diesem Frequenzbereich liegen, möglicherweise gemieden.

Nachdem Fledermäuse durch Windräder bei ihrer Echoortung gestört werden, mit den Rotoren kollidieren, ihre Flugkorridore und Jagdgebiete verlagern oder sogar verlieren können, sind gezielte wissenschaftliche Untersuchungen zur Abklärung dieser Problematik notwendig. Um die Barrierewirkung der Anlagen so gering wie möglich zu halten, müssten Räume mit Verdichtungen des Vogel- und Fledermauszuges künftig als Tabugebiete freigehalten werden.

Tipp: Erste Hilfe für Pfleglinge

Nach dem Bundesnaturschutzgesetz sind Fang und Haltung von Fledermäusen verboten. Verletzte und geschwächt aufgefundene Tiere dürfen jedoch aufgenommen und gepflegt werden. Ihre Betreuung sollte fachkundigen Fledermausschützern überlassen bleiben (s. Adressen). Als „Erste Hilfe" setzen Sie das Tierchen in eine stabile Schachtel mit Luftlöchern, die mit Küchenrollen-Papier oder einem Stück gefaltetem Frotteetuch ausgestattet ist (zum Festhalten und Verstecken). Bieten Sie dem Pflegling Wasser (aus Pipette) und Mehlwürmer an.

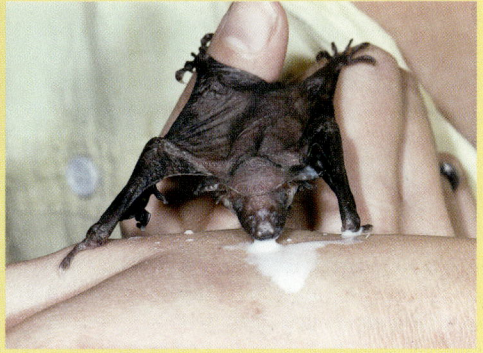

Fledermaus-Winter

Die nahrungsarme Jahreszeit verschlafen unsere Fledermäuse in dafür geeigneten Winterquartieren in arttypischer Weise und unter Ausnutzung aller Energiesparmaßnahmen. „Bitte nicht stören!" ist jetzt angesagt, damit die Winterschläfer mit ihren angefressenen Fettreserven über die Runden kommen. Manchmal atmen die Tiefschläfer nur einmal pro Stunde. Fledermausfreunde kontrollieren jetzt die Winterquartiere und nutzen die langen Abende für die Öffentlichkeitsarbeit.

Die Winterquartiere S. 88

Werben für Fledermäuse S. 94

Die Winterquartiere

Einen schönen Einblick in die Winterquartiere bekommen wir, wenn wir jetzt erfahrene Fledermausschützer bei ihren Winterquartierkontrollen in ungefährlichen Höhlen, Kellern und Stollen begleiten dürfen. Während der Wintermonate von Dezember bis März werden zugängliche Höhlen, Bergwerksstollen, Keller und Bunkeranlagen begangen und die dabei sichtbaren Fledermäuse bestimmt und gezählt.

Das Gitter schützt die Winterschläfer im Stollen-quartier.

Was im Winter geschieht

Die Fledermäuse sind im Winterschlaf nicht völlig bewegungslos. In einer kurzen Schlaf-unterbrechung wird die Schlafposition verän-dert. Wenn es den Tieren am Schlafplatz zu kalt oder zu warm wird, kann in der Höhle um-hergeflogen und eine passendere Schlafstelle gesucht werden. Zumindest Wasserfleder-mausmännchen nutzen den Tiefschlaf ihrer Weibchen gelegentlich zum „erschlichenen Beischlaf". Die Spermien ruhen im Ge-schlechtstrakt (Uterus) unserer Fledermaus-weibchen ohnehin, um erst beim Eisprung im Frühjahr aktiv zu werden und das „Rennen" um die Befruchtung der Eizelle aufzunehmen (s. S. 15). Wenn Fettreserven im Winter zur Neige gehen und geradezu warme Nächte anstehen, versucht manche Fledermaus sogar im Winter ihr Jagdglück.

Rückzugsmöglichkeiten für Dauerschläfer

Verschiedene Unterschlupfe dienen als Winter-quartiere: Bei Felshöhlen und Stollen unter-scheidet man unterirdische natürliche Felshöh-len, ehemalige Bergwerksstollen, Schutz-bunker, tiefe Felsenkeller und Wein- oder Bier-keller. Sie zeichnen sich durch ein weitgehend gleiches Mikroklima aus: hohe Luftfeuchtig-keit, konstante, kühle Temperatur, geringer Lichteinfall und Störungsfreiheit.

In den Mauerfugen alter Keller finden überwin-ternde Fledermäuse gute Verstecke.

Große Hufeisennase im Winterschlaf in einer Tropfsteinhöhle.

Die Kleine Bartfledermaus im Winterschlaf hat Kondenswassertropfen im Fell.

Bedeutung: Winter- und Paarungsquartiere, z. T. auch Sommer- oder Zwischenquartiere.
Gefährdung: Völlige oder weitgehende Vernichtung; Sprengen, Vermauern der Eingänge; Ausbau zu Schauhöhlen, Höhlenklettern und -tourismus; Veränderung des Höhlenklimas durch die obigen Maßnahmen.
Entwicklungsziele, Schutz und Pflege: Schutz der Höhlen, Belassen der freien Zugänge; Unterlassung, Abwehr der Schadfaktoren, Sicherung der Objekte; Öffnen verschütteter, gesprengter Eingänge; Sicherung durch Vergitterungen; in künstlichen Quartieren (Keller, Schutzbunker u. Ä.): Schaffung von Winterschlafverstecken (s. Abb. S. 91 unten). Wenn Winterquartiere verbessert oder neu angelegt werden, ist auf Frostsicherheit (0°–10°C) und hohe Luftfeuchtigkeit zu achten. In Stollen und Kellern können durch Bohrlöcher (10 cm tief, Durchmesser 3 cm) und Ausstemmen von 2 cm breiten Mörtelfugen Verstecke geschaffen werden.

Kontrolle der Winterquartiere

Sie zählt zu den ältesten Erfassungsmethoden in der Fledermausforschung. Während der Wintermonate von Dezember bis März werden zugängliche Höhlen, Bergwerksstollen, Keller und Bunkeranlagen begangen und die dabei sichtbaren Fledermäuse bestimmt und gezählt. Diese Methode wird seit langem schwerpunktmäßig von ehrenamtlichen Fledermausschützern durchgeführt. Gezielte Untersuchungen (mit Lichtschranken, videoüberwacht) an einigen Winterquartieren belegen jedoch, dass der sichtbare Anteil von Fledermäusen oft nur ein kleiner Teil des tatsächlichen Bestandes im Quartier ist. Der sichtbare Bestand schwankt zudem in Abhängigkeit vom Zeitpunkt der Kontrolle und dem Witterungsverlauf. Der Vorteil von Winterbegehungen ist, dass mit vergleichsweise geringem Aufwand das ungefähre Artenspektrum im Winterquartier erfasst werden kann. Finden die Zählungen großräumig

Dieses Winterquartier ist durch Vergitterung des Eingangs gesichert.

Einfluglösungen für Fledermäuse beim Verschluss von Stollen-/Höhleneingängen

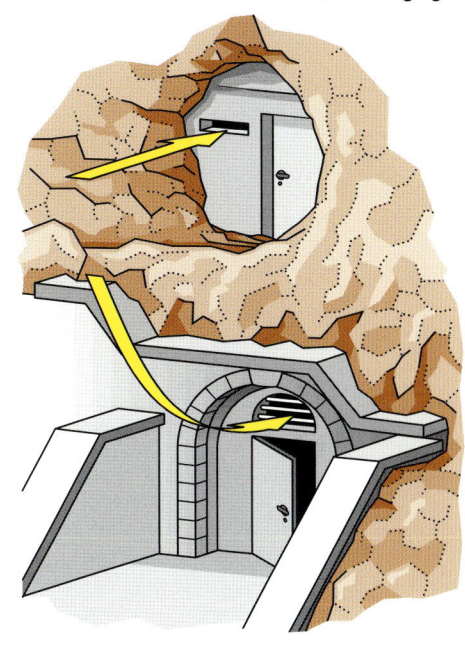

nach koordinierten Zeit- und Methodenvorgaben und über einen langen Zeitraum statt, bekommt man zumindest für das Große Mausohr Hinweise auf großräumige Tendenzen zur Populationsentwicklung. Daneben sind durch die Begehungen Qualitätskontrollen möglich, d. h. der Zustand des Quartiers wird überwacht und mögliche Veränderungen sind feststellbar. Nachteilig ist, dass diese Methode keine Aussagen zum tatsächlichen Individuenbestand des Quartiers erlaubt. Einige Arten (z. B. Breitflügelfledermaus, Graues Langohr, Zwergfledermaus, Kleiner Abendsegler) sind in Winterquartieren praktisch nicht nachweisbar. Auch können regionale Populationstrends über Winterquartierkontrollen nicht nachgewiesen werden. Großräumige Bestandtrends sind erst mit großer zeitlicher Verzögerung darstellbar. Genauere Daten liefern Infrarot-Lichtschranken. Achtung: Das Begehen von Felshöhlen, ehemaligen Bergwerksstollen oder alten Bunkeranlagen ist oft lebensgefährlich.

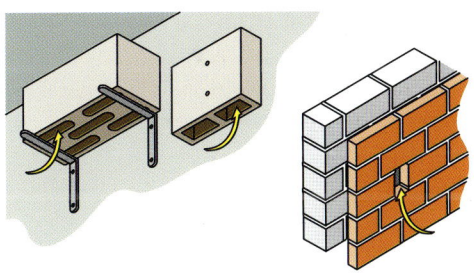

Hohlblocksteine und Mauerwerk dienen als Versteckmöglichkeiten in neu eingerichteten Winterquartieren.

Winterquartierkontrollen in solchen Objekts dürfen nur von erfahrenen Fledermausschützern und Höhlenforschern vorgenommen werden. Wer sich als Fledermausfreund einer Fledermausschutzgruppe anschließt, hat aber die gute Chance, auf ungefährlichen Exkursionen zu den Winterschläfern mitgenommen zu werden.

Verschiedene Arten, unterschiedliche Winterschlafhaltungen und -ansprüche: Die Kleine Hufeisennase ist im Winterschlaf an der Decke eines gleichmäßig temperierten Winterquartiers (Höhle) fast völlig in die Flughäute eingehüllt.

Europaweite Empfehlungen für einen ungestörten Schlaf

Die Zweite Vertragsstaatenkonferenz des „Abkommens zur Erhaltung der Fledermäuse in Europa" (EUROBATS) verabschiedete anlässlich ihres Treffens 1998 in Bonn einen Beschluss über einheitliche Methoden zur Bestandserfassung. Danach soll für Winterschlafquartiere gelten:
Zählungen in Winterschlafquartieren sind am besten geeignet für Arten, bei denen

▶ die Tiere immer zu den gleichen Ruheplätzen zurückkehren,
▶ die Arten genau identifiziert werden können, ohne gestört zu werden,
▶ Tiere einer Art in großer Zahl in einem Quartier überwintern und
▶ ein großer Anteil des Fledermausbestandes regelmäßig unterirdisch überwintert.

Bei weit verbreiteten Arten sollte eine Auswahl repräsentativer Quartiere erfolgen. Die regelmäßigen Zählungen sollten zweimal jährlich im Januar und Februar durchgeführt werden.

Wildes Thema sachlich betrachtet: Fledermaustollwut

Einige Fledermausfreunde oder Quartierbesitzer haben sich schon durch Schlagzeilen über tollwütige Fledermäuse verunsichern lassen. Ein echter Anlass zur Besorgnis besteht jedoch nicht. Was im Umgang mit anderen Wildsäugern gilt, sollte auch bei Fledermäusen beachtet werden: Wer häufig engen und direkten Kontakt (Handkontakt!) mit den Tieren hat – und das sind ausschließlich Fledermausforscher und einige unter den Fledermausschützern – sollte sich vorsorglich gegen Tollwut impfen lassen.

Unter den in Europa heimischen 30 Arten Insekten fressender Fledermäuse werden immer wieder einmal Infektionen mit dem Europäischen Fledermausvirus (European Bat Lyssavirus, EBLV, Typ 1 und 2) festgestellt. Die Übertragung des EBLV erfolgt offensichtlich nur durch Verletzungen bzw. offene Wunden. Allerdings sind Tollwut-Nachweise bei Fledermäusen ziemlich selten. Europaweit wurden

von 1958 bis 2002 insgesamt 696 tollwut-
positive Fledermäuse festgestellt, mit den
meisten Nachweisen zwischen 1985 und 1987.
Der Anteil der Fledermaustollwut an den
Virusnachweisen bei Tieren ist mit 0,1 % sehr
gering. In Deutschland wurden in 21 Jahren
bei untersuchten Fledermäusen 143 Fälle von
Tollwut registriert, überwiegend in der nördlichen Hälfte. 2002 konnte man bei 8 Fledermäusen Tollwut nachweisen. Hauptträger des
EBLV ist hier die Breitflügelfledermaus.
Direkte Kontakte von Menschen mit tollwut-
positiven Fledermäusen kommen nur selten
vor. Zwischen 1977 und 1985 starben drei Menschen in der Ukraine, in Russland und in Finnland an von Fledermäusen übertragener Tollwut. Ein vierter Fall ereignete sich 2002 in
Schottland. In Schottland und Finnland waren
es Fledermausforscher, die lange und regelmäßig (Hand-)Kontakte mit Fledermäusen hatten.
Obwohl die Durchseuchung der Fledermaus-
populationen mit dem Virus relativ gering und
direkte Kontakte zwischen Mensch und Fledermäusen eher die Ausnahme sind, empfiehlt
das Robert-Koch-Institut Folgendes:
- Fledermäuse, vor allem kranke oder verletzte, dürfen keinesfalls mit bloßen Händen
  angefasst werden. Durch die sehr feinen
  Zähne können Bisse unbemerkt bleiben.
- Bei direktem Kontakt mit einer Fledermaus,
  bei dem eine Verletzung nicht ausgeschlos-
  sen werden kann, muss sofort ein Arzt kon-
  sultiert werden. Die Hände bzw. Wunden
  sind sofort gründlich mit Seife zu reinigen
  und mit Wasser zu spülen.
- Die Fledermaus sollte untersucht werden
  (Veterinäruntersuchungsamt).
- War die Fledermaus tollwutpositiv, sollte
  nachträglich eine Tollwut-Impfung erfolgen
  (die Impfstoffe sind gut verträglich und
  schützen zuverlässig vor Fledermaustollwut).
  Weil sie mit ihren Fledermäusen keinen
  direkten Kontakt haben, sind Quartierbesitzer keinem erhöhten Risiko ausgesetzt.

Braunes Langohr klemmt
beim Schlafen die riesigen
Ohren unter die Flughäute.

Bei der Bechsteinfledermaus
sind die langen Ohren im
Winterschlaf voll sichtbar.

Werben für Fledermäuse

Als Vorbereitung fürs nächste Fledermausjahr nutzen wir jetzt die langen Winterabende und planen unsere Öffentlichkeitsarbeit und vielleicht sogar ein richtig schönes Fledermausfest mit Gleichgesinnten. Für jede erfolgreiche Naturschutzarbeit braucht man schließlich Verbündete.

Gutes Image für Nachtgespenster

Weil Fledermäuse sich ganz besonders eng den Menschen angeschlossen haben, ihre Lebensweise vielen unbekannt ist und sie deshalb manchen unheimlich sind, brauchen die nächtlichen Flugakrobaten ein gutes Image in der Öffentlichkeit. Die Biologen Markus Dietz und Marion Weber haben sich im Rahmen eines Modellvorhabens zum Schutz Haus bewohnender Fledermäuse sehr intensiv mit dieser Thematik beschäftigt. Aus dem sehr lesenswerten Abschlussbericht „Von Fledermäusen und Menschen" meiner beiden oben genannten Fledermausfreunde und aus meiner eigenen langjährigen Erfahrung stammen die folgenden Anregungen.

Am Anfang steht die Wahrnehmung

Voraussetzung für jedes naturschonende Verhalten ist ein Naturbewusstsein. Während inzwischen wohl jeder die Bedeutung des Umweltschutzes für sich persönlich erkannt hat, werden Naturschutzmaßnahmen meist immer noch mit Einschränkungen, wirtschaftlichen Verlusten oder Verzicht in Zusammenhang gebracht. Nur über Naturbildung und Naturerleben können wir den Menschen den Bezug zu ihrem persönlichen Lebensbereich klarmachen. Auf die Fledermäuse gemünzt bedeutet dies, dass wir die nächtlichen Flugakrobaten als Teil und vielleicht als Bereicherung der eigenen Lebenswelt präsentieren müssen. Neugierde, Wissensdurst und bisweilen nur nüchternes Informationsbedürfnis zu stillen, ist das Ziel. Die Gefährdungen der Tiere werden indirekt durch Erkenntnisbildung erschlossen. Erst daraus wächst die Eigenverantwortung und letztlich Engagement.

Werben für Fledermäuse bedeutet den Tieren näher kommen: Hier werben Kinder im Fledermaus-Outfit.
Abb. linke Seite: Ortstermin vor einer Baumspalthöhle mit hunderten von überwinternden Großen Abendseglern.

Auf dem Fledermausfest in
Fledertierkostüme
geschlüpft ...

Erfolgreiche Medienarbeit

Medienarbeit (Zeitungen, Radio, Fernsehen) ist
vor allem dann erfolgreich, wenn sie zielgerich-
tet geschieht und gut vorbereitet ist. Das fängt
bereits bei der Auswahl der Medien (regional/
überregional, zielgruppenspezifisch, Breiten-
wirkung) an. Gute Beiträge erfordern eine
sorgfältige Vorbereitung (Texte und Bilder).
Die Qualität steigt mit den Fähigkeiten und
dem Engagement des Journalisten. Kontaktauf-
bau und Kontaktpflege sind wichtig.
Die Schwerpunkte der Berichterstattung müssen sich an der anzusprechenden Zielgruppe
orientieren. Dazu muss jeweils die richtige
Publikationsmöglichkeit ausgesucht werden
(z. B. Architektenblätter, Kirchenzeitungen,
Tageszeitung, Radio). Bitte meiden Sie Medien,
die unseriös berichten, und passen Sie bei
manchen Boulevardzeitungen und einigen Pri-
vatsendern auf.
Bei einmaliger Berichterstattung kann Folgendes unternommen werden:

▸ Ziel, Zielgruppe und angestrebten räumlichen Wirkungskreis festlegen,
▸ passende Redaktion dafür aussuchen und
  Kontakte herstellen,
▸ Presseinformation, Fotos und ggf. Hinter-
  grundinformation vorbereiten.
Bei längerfristiger Berichterstattung gilt:
▸ zusätzlich Veröffentlichungskonzept erstel-
  len mit einer angestrebten Folge von Veröf-
  fentlichungen und Reportagen,
▸ Kontakte mit geeigneten Redaktionen und
  Journalisten aufbauen und pflegen,
▸ jeweils geeignete Presseinformation vorbereiten.
Bei allen Presseinformationen und Interviews
sollten die wichtigsten Inhalte gemäß dem Ziel
prägnant und übersichtlich dargestellt sein.
Beteiligte Organisationen und Personen nennen, sofern sie die Veröffentlichung als Außen-
darstellung nutzen wollen. Eindeutige Angaben zu Ort, Zeit und konkrete Beispiele sind
wichtig.Mit der Einbindung der Quartierbesitzer in Pressearbeit gewinnen wir Verbündete.

... lernen Kinder die Tiere
besser zu verstehen.

Fledermäuse fliegen in die Schule

Projektunterricht und Umweltbildung gehören zur schulischen Ausbildung und werden in den Lehrplänen gefordert. Das Thema Fledermäuse und Fledermausschutz eignet sich besonders gut für einen fächerübergreifenden, lehrplanrelevanten und praxisnahen Unterricht. Aktive, erfahrene FledermausschützerInnen oder Fledermausschutzgruppen sollten auf die Fachlehrer zugehen und ihre Mitarbeit bei Schulprojekten anbieten. Neben den lehrplanrelevanten Inhalten und Methoden sollten dabei praktische Schutzziele in Angriff genommen werden (Quartierneuschaffungen, Quartierbetreuung, Verbesserung und Anlage von Jagdmöglichkeiten wie z. B. ein „Fledermausgarten"). Das Projekt sollte im Schul- und Wohnumfeld für Fledermäuse werben und öffentlich präsentiert werden. Kindgerecht und spielbetont aufgearbeitet, können auch Kindergärten sich des Fledermausthemas annehmen.

Für Fledermäuse tolle Feste feiern

Feste sind freudige Anlässe zum Feiern. Wie inzwischen hunderte von viel besuchten Festen im Rahmen der „Europäischen Fledermausnacht" beweisen, folgen alle Personen- und Altersgruppen gerne der Einladung zum Feiern mit und für die Fledermäuse. Achtung: Was das Feiern angeht, sind wir alle ziemlich verwöhnt. Fledermausfeste, selbst kleine, erfordern viel Vorbereitung, Engagement und (professionelle) Organisation. Ein Fest kostet immer auch Geld. Deshalb müssen wir im Vorfeld schon kalkulieren, ob wir genügend finanzielle und/oder praktische Unterstützung (Helfer) für ein Fledermausfest bekommen. Örtliche Sparkassen und Unternehmen sind vielleicht bereit, das Fest zu sponsern. Vereine können bei der Organisation und Durchführung helfen. Immer sollte das Fledermausfest von einer ganzen Fledermausschutzgruppe ausgerichtet werden. Die Einladung sollte an

Die Begeisterung und Span-
nung ist den Kindern ins
Gesicht geschrieben.

Die Begeisterung und Span-
nung ist den Kindern ins
Gesicht geschrieben.

Interessierte (Naturschutzgruppen, Schulen) und Zielgruppen (Behörden, Hausbesitzer, Architekten etc.) gehen und über Zeitungen und evtl. Radio bekannt gemacht werden. Im Spätsommer kann ein Fledermausfest am späten Nachmittag beginnen und sich bis in die Flugzeit der Fledermäuse hineinziehen. Es sollte im Freien an einem geeigneten Platz in der Nähe von Fledermausbeobachtungsmöglichkeiten stattfinden. Wenn bei schlechtem Wetter ein rasches Ausweichen unter Dach möglich ist, wird das Risiko für alle Beteiligten geringer. Was alles geboten wird, hängt von den Möglichkeiten und der Fantasie der Veranstalter ab. Wichtig ist, dass unterschiedliche Altersgruppen und Interessen angesprochen werden. Das Angebot kann reichen von:

- Informationsständen zur Lebensweise, Ernährung und Quartierbiologie der Fledermäuse,
- Ausstellung Fledermaus-Quartiermöglichkeiten,
- Stand mit Infomaterial, Fledermausbüchern und Bat-Detektoren (mit Verkauf),
- Fledermaussouvenirs,
- Ständen zum Basteln, Kostüme bauen, T-Shirts bemalen und Schminken,
- Liedern und Präsentationen von Schulklassen,
- Lesungen,
- kurzen Fledermaus-Diavorträgen,
- Beobachtung des Fledermausausflugs,
- Exkursionen in Fledermaus-Jagdgebiete mit Bat-Detektoren,
- Besichtigung eines Winterquartiers (nur dann, wenn noch keine Tiere drin sind!) bis hin zu Videoprojektionen „Blick in die Kinderstube von Fledermäusen" oder „Schwärmen der Fledermäuse",
- Örtliche Geschäfte (Buchhandlung, Gärtnerei, Schreinerei) stellen Produkte/Dienstleistungen vor (Bücher, Falterblumen, Quartierausbau).
- Wer das Glück hat, an seinem Haus Fledermäuse zu beherbergen, kann auch einfach

mal an einem lauen Sommerabend Nachbarn und Freunde zum „Grillen mit anschließendem Fledermausausfliegen" einladen. In einer solchen Atmosphäre fördert man die gute Nachbarschaft und wirbt leicht neue Fledermausfreunde!

Tipp: Feiern auch mit Dracula
Während sich früher um die Fledermäuse als „unbekannte Wesen" viele abergläubische Gerüchte rankten (z. B. Fledermäuse fliegen Mädchen in die Haare, sind Spießgesellen des Teufels), oder die harmlosen Nachtjäger mit der Blut saugenden Romangestalt des Vampirs „Graf Dracula" in Verbindung gebracht wurden, herrscht heute eindeutig die Faszination an diesen Nachtjägern vor. Wir können uns sogar erlauben, dem Vampir- und Dracula-Mythos auf Fledermausfesten als bereichernden Unterhaltungs- (und Bildungs-)teil einen Programmpunkt zu widmen (hier ein junger Musical-Sänger als Graf Krolock).

Fledermäuse im Porträt

Dieses Kapitel gibt einen Überblick über die wichtigsten
32 von insgesamt 52 in Europa
nachgewiesenen Fledermausarten, verweist auf einige weitere Arten und informiert über
die verschiedenen Merkmale,
die geografische Verbreitung
und die unterschiedlichen
Lebensweisen der Tiere.

Bei den Merkmalen werden
folgende Abkürzungen ver-
wendet:

SF Spannweite der Flügel
G   Gewicht

Große Hufeisennase
Rhinolophus ferrumequinum

Merkmale Größte europäische Hufeisennase; SF 35–40 cm; G 17–34 g; namensgebender häutiger Nasenaufsatz; weiches, lockeres Fell; Oberseite graubraun, z. T. rötlich getönt, Unterseite heller; Jungtiere oberseits mehr aschgrau.
Verbreitung Südeuropa, Nordafrika; nördlichstes Vorkommen in England bis 51°, in Westeuropa bis 50°; im Norden nur noch inselartig.
Lebensweise Lebt in wärmeren Gebieten mit lockerem Baum- und Buschbestand, Gewässern; im Süden Quartiere mehr in Höhlen, im Norden im Sommer (Wochenstuben) in Gebäuden. Tragzeit von etwa 75 Tagen, ein 5–6 g „schweres" Junges. Ausflug bei Dunkelheit; langsamer, schmetterlingsartiger Flug vom Ansitz aus oder am Boden, fangen vorwiegend große Käfer, Schmetterlinge, Zwei- und Hautflügler, Köcherfliegen und Spinnen; zwischen Sommer- und Winterquartier nur kurze Wanderungen (20–30 km). Ein Exemplar erreichte mit $30\,^1/_2$ Jahren das Höchstalter einer europäischen Fledermaus.

Kleine Hufeisennase
Rhinolophus hipposideros

Merkmale Kleinste europäische Hufeisennase; SF 19,2–25,4 cm, G 5,6–9 g; zierlich gebaut; lockeres, weiches Fell; Haarbasis hellgrau, Oberseite bräunlich rauchfarben ohne rötlichen Ton, Unterseite grau bis grauweiß; Jungtiere dunkelgrau.
Verbreitung Am weitesten nach Norden verbreitete Hufeisennase, bis zum 52. Breitengrad, vor allem an Verbreitungsgrenze starke Rückgänge mit nur noch isolierten Populationen.
Lebensweise In wärmebegünstigten Gebieten und Karstgebieten. Im Norden Sommerquartiere in Gebäuden, meist warme Dachböden, oft in Schornsteinnähe, oder in Kanälen und Schächten von Heizungsanlagen; die Wochenstuben (Sommerquartiere) können hell, müssen aber zugluftfrei sein. Winterquartiere in Höhlen, Stollen, Kellern mit Temperaturen von 6–9 °C; dort hängen die Tiere immer auf Distanz zum Nachbarn und hüllen sich im Winterschlaf völlig in ihre Flughäute ein. In niedrig schwirrendem Flug (bis 5 m Höhe) jagen sie kleine Insekten oder nehmen diese und Spinnen vom Boden auf.

Mittelmeer-Hufeisennase
Rhinolophus euryale

Merkmale Mittelgroß; SF 30–32 cm, G 8–17,5 g; nackte Gesichtsteile (Hufeisen, Lippen) hellbräunlich; lockeres Fell, oberseits graubraun mit leicht rötlicher oder lila Tönung; Unterseite grau- bis gelblich weiß.

Verbreitung In der Regel nicht über 47. Breitengrad, im Mittelmeerraum mit isoliertem Vorkommen in der Slowakei.

Lebensweise Lebt in warmen, waldreichen Gebieten, im Gebirgsvorland und Gebirge, bevorzugt Karstgebiete mit Höhlen und Gewässernähe; ortstreu; Höhlenfledermaus, im Norden selten auch auf warmen Dachböden. Gesellig, Quartiere oft mit anderen Arten teilend. Fliegt in später Dämmerung aus; langsam gaukelnder Flug, auch Rüttelflug, sehr wendig. Jagt niedrig an warmen Hängen und im Blattwerk Nachtfalter und andere Insekten;

sucht z. T. feste Fraßplätze auf; Wochenstuben bis 400 Weibchen, z. T. mit Männchen, Winterquartiere bis 2000 Tiere.

Blasius- Hufeisennase
Rhinolophus blasii

Merkmale Mittelgroß; SF 22–31 cm, G 12–16,5 g; breites, fleischfarbenes Hufeisen; Ohrform ähnlich Mittelmeer-Hufeisennase; Ohren etwas kleiner; Ohren und Flughäute hellgrau; lockeres Fell, sehr helle, fast weiße Haarbasis; Oberseite graubraun, z. T. leicht lila getönt, von fast weißer oder leicht gelblich getönter Unterseite relativ scharf abgegrenzt; kaum vorhandene dunkle „Brille" um Augen.

Verbreitung Im östlichen Mittelmeerraum, dort gemeinsam mit Mittelmeer-Hufeisennase, aber nicht so weit nach Norden vorkommend. Gegenwärtig vom nordöstlichen Italien bis nach Transkaukasien. Von Spanien und Rumänien noch keine Hinweise, aber dort zu erwarten.

Lebensweise Warme Karstgebiete mit lockerem Baum- und Strauchbestand; Sommerquartiere (bis 300 Weibchen) und Winterquartiere

(bis 2000 Tiere) in Höhlen. Als ausgesprochene Höhlenfledermaus kommt die Balsius-Hufeisennase kaum in Gebäuden vor. Oft teilt sie ihr Quartier mit Mittelmeer-Hufeisennase, Großer Hufeisennase, Wimperfledermaus, Großem und Kleinem Mausohr, Langflügelfledermaus und Langfußfledermaus.

Mehely-Hufeisennase
Rhinolophus mehelyi

Merkmale Mittelgroß; SF um 33–34 cm, G 10–18 g; Hufeisen und Lippen blass, fleischfarben; dichtes Fell, Oberseite graubraun, Unterseite fast weiß mit scharfer Grenze; auffällige „Brille" aus graubraunen Haaren um Augen.
Verbreitung Im Mittelmeerraum weit verbreitet, aber nicht so weit nach Norden wie Mittelmeer-Hufeisennase.
Lebensweise Sommer- und Winterquartiere in Höhlen von Karstgebieten, z. T. gemeinsam mit anderen Arten. Die Tiere hängen einzeln und frei an der Decke ihrer Quartiere und hüllen sich nur teilweise in ihre Flughäute ein. Sinkt die Temperatur im Sommerquartier stark ab, geben sie ihre Individualdistanz auf und hängen auch in dichten Trauben beieinander. Die Mehely-Hufeisennase jagt nach Nachtfaltern und anderen Insekten in langsamem,

wendigem Flug dicht über dem Boden und kann wohl auch Beute vom Boden aufnehmen.

Mausohr
Myotis myotis

Merkmale Größte in Deutschland einheimische Fledermausart; SF 35–43 cm, G 28–40 g; Ohren lang und breit; dichtes, oben graubraunes, unten weißgraues Fell; Jungtiere dunkler, rauchgrau.
Verbreitung Mittel- und Südeuropa; nördlichstes Winterquartier auf Rügen, in Polen Ostseeküste erreichend, in Südschweden Einzelfunde, auf Azoren nachgewiesen.
Lebensweise Wärmeliebend, bevorzugt klimatisch begünstigte Täler, offenes Wald- und Weideland und Gebiete mit traditioneller Landwirtschaft. Sommerquartiere (Wochenstuben) im Norden auf warmen Dachböden und Kirchtürmen, auch in Brücken, im Süden in Höhlen. Kolonien aus maximal 2000 Weibchen mit Austausch zwischen benachbarten Kolonien. Männchen im Sommer meist solitär in Spaltenquartieren auf Dachböden, auch in Baum-

höhlen und Nistkästen. Winterquartiere (Höhlen) bis über 100 km entfernt. Tragzeit etwa 50–70 Tage (je nach Temperatur und Ernährung), ein 6 g „schweres" Junges.

Kleines Mausohr
Myotis blythii

Merkmale Sehr ähnlich Mausohr, etwas kleiner; SF 38–40 cm, G 15–28 g; Ohren und Ohrdeckel spitz und schmal; Ohraußenrand mit 5–6 Querfalten; in der Schweiz meist mit hellem Fleck zwischen Ohren; kurzes Fell, Oberseite grau, bräunlich getönt, Unterseite grauweiß.
Verbreitung Bis wenige Kilometer südlich vom Bodensee, evtl. auch in Süddeutschland.
Lebensweise Wärmebegünstigte Gebiete mit lockerem Gehölzbestand, Karstgebiete, trockene Grassteppen, Parks, auch Ortschaften; kann mit Mausohren nebeneinander vorkommen, sogar gemischte Kolonien; Sommerquartiere (Wochenstuben) bevorzugt in warmen Höhlen, dort häufig gemeinsam mit Langflügelfledermäusen und Hufeisennasen; auch auf warmen Dachböden; Einzeltiere selten in

Baumhöhlen. Ausflug zum Jagen erst in später Dämmerung. Flug langsamer und wendiger als Mausohr; Beute wird bevorzugt über dichten Grasflächen gejagt oder von der Vegetation abgelesen, (v. a. Heuschrecken, Käfer, Schmetterlingsraupen, Gottesanbeterinnen).

Teichfledermaus
Myotis dasycneme

Merkmale Ähnlich Wasserfledermaus, aber deutlich größer; SF 20–30 cm, G 14–20 g; dichtes Fell, graubraune Oberseite mit silbrigem Glanz, Unterseite weißgrau, deutlich von Oberseite abgesetzt.
Verbreitung Mittel- und Westeuropa zwischen 48. und 60. Breitengrad.
Lebensweise Im Sommer in gewässerreichen Gebieten des Tieflandes, im Winter auch im Mittelgebirgsvorland. Winterquartiere v. a. in Höhlen, Stollen, Bunkern und Eiskellern, in denen über die Hälfte der sichtbaren Tiere frei hängend an der Wand Winterschlaf hält. Nachweise von Wochenstuben bisher nur aus Gebäuden, meist auf Dachböden oder Kirchtürmen, häufig im First in großen Gruppen (40–400 Weibchen). Wanderungen meist über 100 km. Jagen in schnellem, gewandtem Flug in 10–60 cm Höhe über den Gewässern nach

Zuckmücken, Köcherfliegen, auch Schmetterlingen und Käfern. Zuckmückenlarven werden wohl von der Wasseroberfläche aufgenommen.

Wasserfledermaus
Myotis daubentonii

Merkmale Kleine Art mit großen Füßen; SF 24–27,5 cm, G 7–15 g; lockeres, braungraues Fell; Gesicht rötlich braun.

Verbreitung Fast ganz Europa, im Norden bis etwa 63. Breitengrad.

Lebensweise Bevorzugt wasserreiche Landschaften und Wälder; Wochenstuben in Baumhöhlen, Nistkästen, Gebäudespalten; Winterquartiere in Höhlen und Stollen; dort meist eingezwängt in Spalten überwinternd, aber auch in großen Clustern frei an Wänden hängend und im Bodengeröll. Ende August/ Anfang September oft zahlreiche Aktivitäten („Schwärmen") in großen Winterquartieren (Quartiererkundung, Kennenlernen von Paarungsquartieren). Wochenstubentiere wechseln mit den Jungen ihre Baumhöhlenquartiere (Hygiene/Feindvermeidung). Fliegen auf festen Flugrouten in ihre Jagdgebiete, um dicht über der Wasseroberfläche und bis in 5 m Höhe vorwiegend Insekten zu erbeuten; können mit Hinterfüßen und Schwanzflughaut auch Beute (inkl. kleiner Fischchen) von der Wasseroberfläche aufnehmen.

Fransenfledermaus
Myotis nattereri

Merkmale Mittelgroß; Hinterrand der Schwanzflughaut mit gekrümmten, steifen Haaren („Fransen"); SF 24,5–28 cm, G 5–12 g; relativ lange Ohren; Ohrdeckel auffallend lang; Jungtiere dunkler grau, ohne braune Töne wie Alttiere.

Verbreitung Fast ganz Europa, im Norden bis zum 60. Breitengrad.

Lebensweise Waldfledermaus; in Wäldern und Parks mit Gewässern und Feuchtgebieten, auch in Ortschaften. Sommerquartiere (Wochenstuben) sowohl in Baumhöhlen und Fledermauskästen als auch in Spalten an und in Gebäuden. Winterquartiere in Stollen, Höhlen, Kellern; dort meist in enge Spalten eingezwängt; in Clustern manchmal mit Wimperfledermäusen gemischt. Fliegen in später Dämmerung aus, um mit langsamem, z. T. schwirrendem Flügelschlag, auch im Rüttelflug, Spinnen, Zweiflügler, auch tagaktive Fliegen, Schmetterlinge und Käfer zu erbeuten. In Kuhställen wurden neue Wochenstuben entdeckt. Die Tiere jagen dort meist Fliegen.

Wimperfledermaus
Myotis emarginatus

Merkmale Mittelgroß; Rand der Schwanzflughaut mit feinen Härchen („Wimpern"); SF 22–24,5 cm, G 7–15 g; lockeres, wollig wirkendes Fell; oberseits rot- bis graubraun, unterseits heller; Jungtiere wesentlich dunkler.

Verbreitung Mittel- und Südeuropa bis Limburg (Niederlande) und Südpfalz/Bayern in Deutschland.

Lebensweise Wärmeliebend; sowohl in Ortschaften als auch in Karstgebieten. Sommerquartiere (Wochenstuben) in Dachböden (Norden) oder warmen Höhlen (Süden); meist frei in einer Traube an Sparren oder Brettern hängend; oft mit anderen Arten Quartier teilend; Einzeltiere auch in Baumhöhlen, -spalten, Fledermauskästen. Winterquartiere in Höhlen, Stollen und Kellern, meist frei an Decke und Wand, seltener in Clustern und Spalten. Über-

wiegend ortstreu, Wanderungen unter 40 km. Ausflug in früher Dämmerung, benutzt Flugstraßen; jagt an Busch- und Heckenrändern, Bäumen und in Kuhställen vom Ansitz und im Rüttelflug v. a. Zweiflügler, Schmetterlinge und Spinnen hauptsächlich vom Substrat ab.

Große Bartfledermaus
Myotis brandtii

Merkmale Kleine Art; SF 19–24 cm, G 4,3–9,5 g; relativ langes Fell, mit goldbraunem oder rötlichem Rückenhaar; schwer von Kleiner Bartfledermaus unterscheidbar; Penis bei erwachsenen Männchen der Großen Bartfledermaus am Ende deutlich verdickt.

Verbreitung Erst lückenhaft bekannt, da sie früher nicht von Kleiner Bartfledermaus unterschieden wurde.

Lebensweise Waldfledermaus; stärker als Kleine Bartfledermaus an Waldgebiete und Gewässernähe gebunden; Sommerquartiere (Wochenstuben) in schmalen Spalten an und in Gebäuden, auch in schmalen Fledermauskästen; Winterquartiere in Höhlen, Stollen, alten Bergwerken, Kellern, oft gemeinsam mit Kleiner Bartfledermaus; selten in Spalten, meist frei hängend, auch in Clustern; wanderfähig bis 230 km. Ausflug in früher Dämme-

rung. Jagt in niedrigen bis mittleren Höhen geschickt mit raschen Wendemanövern in nicht zu dichten Waldbeständen und über Gewässern nach Schmetterlingen, Schnaken und Zweiflüglern. Spinnen und tagaktive Schmetterlinge in der Nahrung sprechen für Aufnahme vom Substrat.

Kleine Bartfledermaus
Myotis mystacinus

Merkmale Eine der kleinsten europäischen Myotis-Arten; SF 19–22,5 cm, G 4–8 g; lange, krause Haare; schmaler Ohrdeckel; Penis gleichförmig schmal, ohne Verdickung wie bei den Männchen der Großen Bartfledermaus; sehr lebhaft im Verhalten, bei Störungen im Quartier lautes Gezeter.
Verbreitung In Nordeuropa ca. 65. Breitengrad erreichend.
Lebensweise Eher Haus- als Waldfledermaus. Sommerquartiere (Wochenstuben mit 20–70 Weibchen) meist in spaltenartigen Hohlräumen an und in Gebäuden hinter Holzverkleidungen; Winterquartiere in Höhlen, Stollen, Kellern, meist frei hängend an Wand und Decke, selten in Spalten. Überwiegend ortstreu, aber Wanderungen bis 240 km bekannt. Ausflug in früher Dämmerung. Schneller, gewandter und kurvenreicher Flug.

Ähnlich In Griechenland kürzlich neu entdeckt und bereits in vielen mitteleuropäischen Ländern nachgewiesen, ist *Myotis alcathoe*, mit weniger als 5 g die kleinste Myotis-Art Europas. Sie erzeugt die höchst frequenten Rufe aller Myotis Arten.

Bechsteinfledermaus
Myotis bechsteinii

Merkmale Mittelgroß mit auffallend großen Ohren, die sich an der Basis nicht berühren; SF 25–28,6 cm, G 7–12 g; Fell oberseits braun, unterseits weißgrau; breite Flügel.
Verbreitung In gemäßigten Zonen Europas; offensichtlich nur lokal verbreitet, nirgends häufig.
Lebensweise Waldfledermaus. Bevorzugt Laubwaldgebiete (feuchte Mischwälder). Höchste Siedlungsdichten werden in strukturreichen Laubwäldern mit hohem Baumhöhlenangebot erreicht; Sommerquartiere (Wochenstuben) in Baumhöhlen und Fledermauskästen, selten in Gebäuden, dort frei hängend. Winterquartiere in Höhlen, Stollen, Kellern, vereinzelt auch in Baumhöhlen, meist einzeln frei an Decke oder Wand hängend. Ohren auch im Winterschlaf gerade ausgestreckt (Unter-

schied zu Langohren). Die Kolonien sind genetisch sehr einheitlich, weil kein Austausch benachbarter Weibchen stattfindet. In gaukelndem Flug und geschickten Manövern auf engstem Raum, auch im Rüttelflug, lesen diese Tiere ihre Beute von Blättern, Zweigen oder vom Boden auf.

Langfußfledermaus
Myotis capaccinii

Merkmale Mittelgroß; SF 23–26 cm, G 6–15 g; Ohren mittellang; große Füße mit langen Borsten; Oberseite hell rauchgrau, z. T. mit leicht gelblicher Tönung; Unterseite hellgrau, zur Oberseite unscharf abgegrenzt; rotbraune Schnauze; Ohren und Flughäute graubraun, Schwanzflughaut oben und unten von den Beinen bis etwa zur Mitte mit dichten, dunklen, flaumartigen Härchen; Nasenlöcher weiter vorspringend als bei anderen europäischen Myotis-Arten.

Verbreitung Im Mittelmeerraum und in Balkanländern.

Lebensweise Karstgebiete, Bevorzugung von wasser-, buschreichem oder waldigem Gelände. Sommer- und Winterquartiere in Höhlen und Stollen (Höhlenfledermaus); gesellig, wahrscheinlich ortstreu bis wanderfähig; in Bulgarien offensichtlich weite saisonale Wanderungen. Bis 3000 Tiere im Winterquartier; dort oft in Spalten. Ausflug in später Dämmerung; Flug ähnlich Wasserfledermaus; jagt häufig über Wasser nach Fluginsekten (Zwei-, Netzflügler), kann mit großen Füßen und langer Schwanzflughaut Insekten von Wasseroberfläche aufnehmen; verzehrt Beute im Flug.

Rauhautfledermaus
Pipistrellus nathusii

Merkmale Etwas größer als Zwergfledermaus; SF 23–25 cm, G 6–15,5 g; kurzer, leicht nach innen gebogener Ohrdeckel, Spitze abgerundet; Fell oberseits dunkelbraun, im Sommer rot- bis kastanienbraun; unterseits hell- bis gelbbraun; lange Flügel.

Verbreitung Vor allem nördliches Mitteleuropa und Osteuropa mit Wochenstuben im Nordosten des Verbreitungsgebietes.

Lebensweise Waldfledermaus, seltener in Siedlungen, bevorzugt im Tiefland; Sommerquartiere (Wochenstuben) in Baumhöhlen, Spaltenverstecken an Jagdkanzeln, flachen Fledermauskästen, seltener in engen Spalten an und in Gebäuden; Winterquartiere in Felsspalten, Mauerrissen, auch Baumhöhlen oder zwischen gelagertem Brennholz. Wandernde Art, oft Küstenlinien und Flusstälern nach West-Südwest folgend. Nach Sonnenuntergang patrouillieren die Tiere entlang der Vegetation oder über dem Wasser. Männchen besetzen ab Mitte Juni Paarungsreviere und locken vom Eingang ihres (Baumhöhlen-)Quartiers oder gelegentlich im Flug mit zweisilbigen Balzrufen Weibchen an.

Weißrandfledermaus
Pipistrellus kuhlii

Merkmale Klein; Hinterrand der Armflughaut
meist mit scharf begrenztem weißen Rand;
SF 21–22 cm, G 5–10. Sehr variable Fellfär-
bung; Haarbasis dunkelbraun; Oberseite mit-
tel- bis gelbbraun, auch hell zimtbraun; Unterseite hellgrau bis grauweiß; Ohren, Flughäute
und Schnauze dunkel- bis schwarzbraun.
Verbreitung Vor allem Südeuropa; breitet sich
nach Norden aus mit Nachweisen in Deutschland und England. Sowohl in Ebenen als auch
in niedrigen Gebirgslagen und Karstgebieten,
eng an Siedlungen gebunden.
Lebensweise Sommerquartiere (Wochenstuben mit 30–100 Weibchen) vorwiegend in
Spalten an und in Gebäuden, auch in Neubauten; Einzeltiere auch in Felsspalten; z. T.
gemischte Wochenstuben mit Zwergfledermaus. In der Regel zwei Junge. Winterquartiere in Felsspalten; wahrscheinlich ortstreu.
Jagt in später Dämmerung oder Dunkelheit in
schnellem, wendigem Flug nach Fluginsekten

in Gärten, um Straßenlaternen oder über Wasserflächen.

Alpenfledermaus
Pipistrellus savii

Merkmale Kleine Art, als Untergattung *Hyp-
sugo* geführt, *Vespertilio* nahestehend.
SF 22–22,5 cm, G 5–10 g; Ohren breiter und
runder als bei anderen europäischen Arten der
Gattung *Pipistrellus*.
Verbreitung Vorwiegend Südeuropa und auf
Kanaren.
Lebensweise Karstgebiete, Mittelmeerinseln,
Gebirgstäler, Almen, auch im Siedlungsraum.
Sommerquartiere (Wochenstuben häufig mit
20–70, manchmal nur 5–10 Weibchen) häufig
in Spalten in und an Gebäuden; Geburten
meist Anfang bis Mitte Juli; Winterquartiere in
tiefer gelegenen Tälern, dort in Felshöhlen und
-spalten, wohl auch in Baumhöhlen. Alpenfle-
dermäuse fliegen oft geradlinig und hoch ent-

lang von Felsen, über Häuser, Baumkronen,
um Lampen, an der Küste auch dicht überm
Meer, sind auch tagsüber unterwegs. Alpenfle-
dermäuse legen beim Fliegen gelegentlich
kleine Gleitstrecken ein. Die reinen Flugjäger
bevorzugen Schmetterlinge, Zweiflügler, Hautflügler und Netzflügler, aber auch kleine Käfer.

Zwergfledermaus
Pipistrellus pipistrellus

Merkmale Nach Mückenfledermaus kleinste
europäische Art; SF 18–24 cm, G 3,5–8 g;
kurze Ohren; Ohrdeckel länger als breit; Fell
oberseits rot- bis dunkelbraun, unterseits gelb-
bis gelbbraun; Schnauze, Ohren und Flughäute schwarzbraun.
Verbreitung Fast ganz Europa, im Norden bis
zum 61. Breitengrad.
Lebensweise Vorwiegend in Dörfern und Städten; Sommerquartiere (Wochenstuben) hinter
Spalten an Gebäuden; Winterquartiere hinter
Verkleidungen, in Fels- und Mauerspalten. Vor
Sonnenuntergang ausfliegend. Die Weibchen
bekommen ab Mitte Juni meist zwei Junge,
die mit ca. vier Wochen flugfähig, mit sechs
Wochen selbstständig sind. Sie verlassen
Anfang August vor den Jungtieren das Quartier. Auffällig sind invasionsartige Einflüge
meist junger Zwergfledermäuse in hohe, große
Räume, die zu Fallen werden können (zur Mas-
senbalz oder Quartiererkundung?).

Ähnlich Madeira-Fledermaus (*Pipistrellus
maderensis*); endemisch auf Madeira und
Kanarischen Inseln (Teneriffa, La Gomera,
La Palma, El Hierro).

Mückenfledermaus
Pipistrellus pygmaeus

Merkmale Sehr klein, noch etwas kleiner als
Zwergfledermaus, und damit kleinste europäi-
sche Fledermausart; G (4,3) 4,7–6 (7,5) g; im
Vergleich zur Zwergfledermaus helleres
Gesicht, kürzere Schnauze, Nasenspiegel mit
Mittelwulst, kurzohrig wirkend; helleres Fell;
voll erwachsene Tiere olivbrauner Rücken,
gelblich graue Bauchseite, gelbbrauner bis
orangeroter Anflug an Körperseiten; wichtiges
Unterscheidungsmerkmal zur Zwergfledermaus ist orangefarbener Penis.
Verbreitung Erst lückenhaft bekannt; wahrscheinlich über weite Bereiche Europas.
Lebensweise Nachdem erst seit kurzem als
eigene Art bekannt, sind die Kenntnisse über
ihre Lebensansprüche noch sehr lückenhaft.

Im Gegensatz zur sehr anpassungsfähigen
Zwergfledermaus jagt sie bevorzugt in Waldge-
bieten in Gewässernähe, v. a. in großen Au-
wäldern und an Teichen. Sommerquartiere in
Fledermaus- und Vogelnistkästen im Wald,
Wochenstubenkolonien hinter Hausfassaden;
dort auch im Winter.

Abendsegler
Nyctalus noctula

Merkmale Große Art; SF 32–40 cm, G 19–40 g; Fell gelb- bis rotbraun; kurze, rundliche Ohren mit pilzförmigem Ohrdeckel (wie alle *Nyctalus*-Arten); lange, schmale Flügel; kurzes Fell, im Sommer Oberseite rotbraun, nach Haarwechsel (Aug./Sept.) oberseits matt fahlbraun.
Verbreitung Ganz Europa, außer Irland, Schottland, Nord-Skandinavien; im Norden 60. Breitengrad erreichend.
Lebensweise Ursprünglich Waldfledermaus, die Ebenen bevorzugend; dort in Laub- und Mischwäldern, Parks und Feldgehölzen mit Altholzbeständen; gebietsweise, besonders im Herbst/Winter „Stadtfledermaus". Sommerquartiere (Wochenstuben) meist in alten Baumhöhlen, auch in Fledermauskästen. Winterquartiere in hohlen, dickwandigen Bäumen, tiefen Felsspalten, Mauerrissen von Häusern, in Südosteuropa auch in Höhlen, hält kurzzeitig bis –3 °C aus. Wandernde Art mit Hauptzugrichtung Südwest, z. T. tagziehend. Männchen besetzen ab Juli für mehrere Wochen ihre Paarungsquartiere (meist Baumhöhlen) und locken Weibchen mit Rufen an.

Kleiner Abendsegler
Nyctalus leisleri

Merkmale Mittelgroß; SF 26–32 cm, G 13–20 g; zierliche Schnauze.
Verbreitung Fast ganz Europa.
Lebensweise Große Waldgebiete und großräumige Parklandschaften mit Altbaumbeständen bevorzugend, seltener in Städten. Sommerquartiere (Wochenstuben) in Baumhöhlen und Fledermauskästen, z. T. gemeinsam mit Großem Abendsegler, seltener in Spaltenquartieren von Gebäuden. Wandernde Art (bis 1052 km), Zugrichtung Nordost-Südwest. Flug schnell, hoch, auch mit Sturzflügen, jagt ähnlich wie Großer Abendsegler, besonders Schmetterlinge. Winterquartiere in Baumhöhlen, auch in Gebäudespalten; überwintert in größeren Gruppen, manchmal auch einzeln.
Ähnlich Azorenabendsegler *(Nyctalus azoreum)*: Körperbau und Färbung ähnelt Kleinem Abendsegler; etwas kleiner; endemisch auf Azoren (7 von 9 Inseln; Flores unsicher, Corvo ohne Nachweis); jagt auch tagsüber.

Riesenabendsegler
Nyctalus lasiopterus

Merkmale Größte europäische Fledermaus; SF 41–46 cm, G 41–76 g; dichtes Fell mit langen, einfarbigen Haaren; oberseits rostbraun. Ohr breiter als beim Großen Abendsegler.

Verbreitung Vorwiegend Südosteuropa; nur lückenhaft bekannt, nirgends häufig. Wohl nur inselartig verbreitet. In Deutschland ein Fund aus 19. Jahrhundert.

Lebensweise Waldfledermaus, bevorzugt in Laubwäldern; Sommerquartiere in Russland z. T. mit Großem Abendsegler, Rauhaut- und Zwergfledermaus; Wochenstuben und Winterquartiere in Baumhöhlen. Wandernde Art, Zugrichtung Südost. Jagt wahrscheinlich ähnlich wie Großer Abendsegler. In Andalusien wurden Wochenstuben mit 18–66 Weibchen gefunden. Die Geburten finden ab Ende Juni statt, wobei ein Weibchen meist zwei, seltener ein Junges bekommt. Das Haarkleid der Jungtiere ist dunkler gefärbt. Riesenabendsegler jagen in schnellem, geradlinigem Flug mit

plötzlichen Sturzflügen in Höhen von ca. 8–40 m. Sie erbeuten auch während der Zugzeit regelmäßig kleine Singvögel.

Breitflügelfledermaus
Eptesicus serotinus

Merkmale Große Art; SF 31,5–38,1 cm, G 14,4–33,5 g; Ohren relativ kurz; Fell lang, oberseits mit glänzenden Haarspitzen; unten gelbbraun; Ohren und breite Flügel schwarzbraun.

Verbreitung Ganz Europa bis 55. Breitengrad und Lanzarote (Kanaren).

Lebensweise Vorwiegend im Flachland, dort im Siedlungsraum (Hausfledermaus). Sommerquartiere (Wochenstuben) in Spalten an und in Gebäuden. Winterquartiere in Höhlen, Stollen, Kellern, in gleichen Gebäuden wie im Sommer; meist einzeln in Spalten oder frei an Decken und Wänden. Eher ortstreu, aber wanderfähig. Die Tiere fliegen 20–30 min nach Sonnenuntergang aus und jagen in 3–10 m Höhe oder dicht am Boden in Gärten, an Waldrändern, über Müllplätzen, um Straßenlaternen nach Großinsekten.

Ähnlich Bottas Fledermaus *(Eptesicus bottae)*: etwas kleiner als Breitflügelfledermaus; anatolische Küstenregionen von Ägäis und Mittelmeer.

Nordfledermaus
Eptesicus serotinus

Merkmale Mittelgroß; SF 24–28 cm, G 8–17,5 g; langes Fell, dunkelbraune Haarbasis, oberseits mit goldglänzenden Haarspitzen, auch auf Scheitel goldglänzende Haare; dunkler Nacken, nur hier relativ scharfe Grenze zur gelbbraunen Unterseite; Schnauze, Ohren, Flughäute dunkelbraun; relativ kurze Ohren, kurzer, breiter, leicht nach innen gebogener Ohrdeckel; Jungtiere insgesamt dunkler.
Verbreitung Nord-, Mittel-, Osteuropa; weltweit einzige Fledermausart, die sich nördlich des Polarkreises fortpflanzt.
Lebensweise In Mitteleuropa meist im Gebirgsvorland und in mittleren Gebirgslagen. Sommerquartiere (Wochenstuben 20–60 Weibchen) meist in Spalten an und in Gebäuden (häufig mit Schiefer oder Blech gedeckte Häuser → Erwärmung), Einzeltiere auch in Baumhöhlen und Holzstapeln. Winterquartiere in Höhlen, Stollen, Kellern (kurzzeitig auch bis −5,5 °C); frei an Decken und Wänden, in Spalten und im Bodengeröll. Überwiegend ortstreu. Ausflug ab früher Dämmerung; fliegt schnell und geschickt, jagt hauptsächlich im freien Luftraum Zweiflügler, Schmetterlinge, Netzflügler und Schnabelkerfen. In Jagdpausen hängen sich Nordfledermäuse an Äste.

Zweifarbfledermaus
Vespertilio discolor

Merkmale Mittelgroß; SF 27–31 cm, G 12–20,5 g; einzige Fledermausart Europas mit 2 Paar Zitzen; langes, dichtes Fell, an Haarwurzeln schwarzbraun, oberseits mit silbrigweißen Spitzen, weißgraue Unterseite, schmale Flügel.
Verbreitung Mittel- und Osteuropa, im Norden etwa bis 60. Breitengrad.
Lebensweise Ursprünglich wohl Felsenfledermaus; in waldigem Bergland, Steppenregionen, auch in Großstädten an hohen Gebäuden (Felsersatz?), im Gebirge bis 1900 m. Sommerquartiere vorwiegend in Spalten an und in Gebäuden, hinter Fensterläden, in Mauerritzen. Wochenstuben aus 30–50 Weibchen. Ab Juni bekommt das Weibchen 2–3 Junge. Zweifarbfledermäuse fliegen in später Dämmerung aus und jagen in schnellem, geradlinigem, oft hohem Flug. Männchen bilden außerhalb der Fortpflanzungssaison oft große Gesellschaften (über 200 Tiere). Ab August lösen sich die Männchengesellschaften auf. Die Hoden der Männchen sind dann stark vergrößert (Beginn Paarungszeit). Besonders im Spätherbst können Balzflüge um hohe Gebäude (Kirchtürme als Felszinnenersatz) beobachtet werden.

Braunes Langohr
Plecotus auritus

Merkmale Mittelgroß; SF 24–28,5 cm, G 4,6–11,3 g; auffallend lange Ohren; dünne, sich an der Basis berührende Ohrmuscheln; langer, spitzer Ohrdeckel. Schlafend falten Langohren ihre Ohren nach hinten zusammen und klemmen sie unter die Unterarme. Nur die Ohrdeckel stehen dann nach vorn, kleine Öhrchen vortäuschend; lockeres, langes Fell, dunkelgraubraune Haarbasis, Oberseite hell braungrau.

Verbreitung Fast ganz Europa; Skandinavien bis 64. Breitengrad.

Lebensweise Waldgebiete im Tiefland und Mittelgebirge, offene Baum- und Buschlandschaften, auch Parks, Gärten, aber ohne Bindung an Siedlungsräume. Sommerquartiere (Wochenstuben) in Baumhöhlen, ersatzweise Vogel- und Fledermauskästen, an und in Gebäuden; in Dachböden mit Dachunterzug (Verkriechmöglichkeit). Winterquartiere in Höhlen, Stollen, Kellern. Ortstreu. Ausflug in später Dämmerung; langsamer, gaukelnder Flug, kann im Rüttelflug Beutetiere (vorwiegend Schmetterlinge, Tag- und Nachtfalter, Raupen, Ohrwürmer, Spinnen) vom Substrat (Blätter, Zweige, Wände) ablesen.

Graues Langohr
Plecotus austriacus

Merkmale Mittelgroß, sehr ähnlich Braunem Langohr; Schnauze länger und spitzer. Fell lang, meist grauer; Daumen im Unterschied zum Braunen Langohr nicht länger als 6 mm. SF 25,5–29,2 cm, G 5–13 g.

Verbreitung In Deutschland und Polen bis etwa 53. Breitengrad, Ostseeküste nicht erreichend.

Lebensweise Wärmeliebend, Kulturlandschaften bevorzugend, im Norden an Siedlungen gebunden; Hausfledermaus, größere Waldgebiete meidend. Sommerquartiere (Wochenstuben meist nur 10–30 Weibchen) teils in Spalten in Gebäuden, teils frei im First, gelegentlich zusammen mit Großem Mausohr und Kleiner Hufeisennase; Einzeltiere auch in Höhlen, sehr selten in Fledermauskästen; Winterquartiere in Höhlen, Stollen, Kellern, auch zusammen mit Braunem Langohr, in Spalten und frei an Wänden. Ortstreu. Ausflug in Dunkelheit; jagt häufig um Straßenlaternen, auch Absammeln der Beute vom Substrat und Aufsuchen von Fraßplätzen.

Ähnlich Kanaren-Langohrfledermaus (*Plecotus teneriffae*): größer als die beiden anderen Langohr-Arten. Weitere Neuentdeckungen: Alpen-Langohr und Sardisches Langohr.

Mopsfledermaus
Barbastella barbastellus

Merkmale Mittelgroß; unverwechselbares Gesicht mit mopsartig gedrungener Schnauze; SF 26,2–29,2 cm, G 6–13,5 g; seidiges, schwarzes Fell, Oberseite mit weißlichen Haarspitzen; lange, schmale Flügel.

Verbreitung Europa bis ca. 60. Breitengrad, nirgendwo zahlreich.

Lebensweise Bevorzugt waldreiche Vorgebirgs- und Gebirgsregionen. Sommerquartiere (Wochenstuben meist nur aus 10–20 Weibchen) in Spalten an Gebäuden und Bäumen. Im Winter kältehart (2–5 °C, seltener bis –3 °C), in Spalten und frei an Wänden, z. T. in großen Clustern. Ausflug in früher Dämmerung. Jagt in schnellem Flug in Baumkronenhöhe nach kleinen Fluginsekten. Mopsfledermäuse scheinen auf Nachtfalter spezialisiert zu sein, die mit Hilfe ihres Tympanalorgans Fledermausortungsrufe hören und ihren Jägern ausweichen.

Langflügelfledermaus
Miniopterus schreibersii

Merkmale Mittelgroß; SF 30,5–34,2 cm, G 9–16 g; sehr kurze Schnauze, gewölbte Stirn; kurze, dreieckige Ohren, lange, spitze Flügel; kurzes Fell, am Kopf aufrecht stehend; Oberseite graubraun bis aschgrau.

Verbreitung Süd- und Südosteuropa, im Norden bis 46. Breitengrad, in Slowakei bis über 48. Breitengrad.

Lebensweise In offenem, klimatisch begünstigtem Gelände von der Ebene bis ins Gebirge, Karstgebiete; Höhlenfledermaus; sehr gesellig. Sommerquartiere (Wochenstuben) in warmen, geräumigen Höhlen, Stollen, Kasematten; im nördlichen Verbreitungsgebiet seltener auch in größeren Dachräumen alter Gebäude. Wochenstuben oft mehr als 1000, bis zu 14 000 Weibchen. Winterquartiere in Höhlen, frei an Decke oder Wand, z. T. in Clustern; bis 10 000 Tiere in einem Winterquartier. Im Norden wandernde Art. Ausflug kurz nach Sonnenuntergang. Langflügelfledermäuse fliegen sehr schnell, an Schwalben oder Segler erinnernd und jagen im freien Luftraum oft weitab vom Quartier mittelgroße Fluginsekten.

Bulldoggfledermaus
Tadarida teniotis

Merkmale Große Art; SF um 41 cm, G 25–50 g; lange, breite Ohren, die nach vorn Augen und Gesicht überragen und sich vorn an der Basis berühren; lange Schnauze; sehr schmale und lange Flügel; Schwanz ragt zu 1/3 bis 1/2 aus Flughaut frei hervor; kurzes, fein weiches, maulwurfsartiges Fell.

Verbreitung Südeuropa, Mittelmeerraum, Kanaren; Alpen bis etwa 46° 20′. Lebensweise: Felsfledermaus; klimatisch warme Gebiete mit hohen Felswänden oder hohen Gebäuden und Brücken. Sommerquartiere in Felsspalten, Spalten in Mauern, Gebäuden, großen Höhlen, auch Spalten von Uferfelsen; meist nur kleine Wochenstubenkolonien. Winterquartiere in Höhlen und Felsspalten; Winterschlaf wird oft,

z. T. alle 5–10 Tage unterbrochen, um selbst bei niedrigen Temperaturen auf die Jagd zu fliegen. Jagt in hohem, schnellem Flug nach großen Fluginsekten. Ruft laut und weit hörbar mit scharfen „tsick"-Lauten oder Pfeiftönen. Beim Kriechen in den engen Spalten hat das freie Schwanzende Tastfunktion.

Nilflughund
Rousettus aegyptiacus

Merkmale Groß; SF um 60 cm, G 135–175 g; Fell schmutzig graubraun, unten und am Nacken heller und gelblicher; Jungtiere ähnlich gefärbt, aber kürzeres Fell; Männchen immer größer als Weibchen; am 2. Finger funktionslose Kralle.

Verbreitung Von allen Flughunden am weitesten nach Nordwesten vorkommend; Zypern, äußerster Süden der Türkei.

Lebensweise Bis in 1970er Jahre noch große Kolonien auf Zypern in Höhlen (bis 800 Tiere); durch Vernichtungsaktionen wegen Schäden in Obstplantagen nur noch in kleinen Gruppen. Nilflughunde übertagen im Frühjahr auch frei hängend an hohen Bäumen, um sich im Winter in Tiefland-Höhlen zurückzuziehen. Sie halten keinen Winterschlaf. Die Obstbauern sehen in den reinen Fruchtfressern Ernteschädlinge, ohne zu erkennen, dass die Tiere oft durch Fruchtfliegen oder Pilze vorgeschädigte Früchte verzehren und ihnen dadurch

sogar hilfreich sind. Die Jungen, meist eins, werden in den Höhlen zwischen März und Juli geboren, öffnen nach ca. 9 Tagen die Augen und werden im 1. Jahr geschlechtsreif.

Service für Fledermausschützer

Fledermäuse im Recht

Nationale Vorschriften

Alle heimischen Fledermausarten sind nach dem **Bundesnaturschutzgesetz** in der Fassung vom 29. Juli 2009, das am 1. März 2010 in Kraft getreten ist, besonders und streng geschützt (§ 7 Abs. 2 Nr. 13 und Nr. 14). Nach § 44 ist verboten,

▸ „wild lebenden Tieren der besonders geschützten Arten nachzustellen, sie zu fangen, zu verletzen oder zu töten oder ihre Entwicklungsformen aus der Natur zu entnehmen, zu beschädigen oder zu zerstören,

▸ wild lebende Tiere der streng geschützten Arten und der europäischen Vogelarten während der Fortpflanzungs-, Aufzucht-, Mauser-, Überwinterungs- und Wanderungszeiten erheblich zu stören; eine erhebliche Störung liegt vor, wenn sich durch die Störung der Erhaltungszustand der lokalen Population einer Art verschlechtert,

▸ Fortpflanzungs- oder Ruhestätten der wild lebenden Tiere der besonders geschützten Arten aus der Natur zu entnehmen, zu beschädigen oder zu zerstören."

Somit dürfen alle unsere Fledermausarten weder gefangen, noch in ihren Quartieren oder auf ihren Wanderungen gestört werden. Auch alle Fledermausquartiere sind danach rechtlich geschützt.

Internationale Regelungen

In der **Berner Konvention** (Übereinkommen über die Erhaltung der europäischen wild lebenden Pflanzen und Tiere und ihre natürlichen Lebensräume vom 11. September 1979 mit Änderungen, in Deutschland ab 1. April 1985 wirksam) stehen der Schutz von Lebensstätten, Artenschutz, Sonderbestimmungen für wandernde Tierarten und verbotene Mittel im Vordergrund. Als streng geschützte Fledermausarten sind im Anhang II aufgelistet: Großes Mausohr, Kleine und Große Bartfledermaus, Wasserfledermaus, Fransenfledermaus, Bechsteinfledermaus, Wimperfledermaus, Großer/Kleiner Abendsegler, Breitflügelfledermaus, Nordfledermaus, Zweifarbfledermaus, Rauhautfledermaus, Braunes und Graues Langohr, Mopsfledermaus.

Das **Abkommen zur Erhaltung der Fledermäuse in Europa (EUROBATS)** vom 4. Dezember 1991 mit Änderungen ist in Deutschland ab 29. Juli 1993 wirksam. Inzwischen sind über 30 europäische Staaten dem Abkommen beigetreten. Seine Basis findet es in der Bonner Konvention zur Erhaltung der wandernden wild lebenden Tierarten vom 19. September 1979 mit Änderungen (in Deutschland seit 1. Oktober 1984 wirksam). Der Grundtenor von EUROBATS liegt im Verbot des absichtlichen Fangens, Haltens oder Tötens von Fledermäusen. Aber auch in der Verpflichtung, den Lebensräumen für allgemeine Erhaltungszwecke von Fledermäusen die angemessene Bedeutung beizumessen. „Unter Berücksichtigung notwendiger wirtschaftlicher und sozialer Erwägungen" sind die Zuflucht- und Schutzstätten (Quartiere), aber auch Futterplätze (Jagdgebiete) vor Beschädigung und Beunruhigung zu schützen. Darüber hinaus trifft jede Vertragspartei „geeignete Maßnahmen zur Förderung der Erhaltung der Fledermäuse und weckt das öffentliche Bewusstsein für die Bedeutung ihrer Erhaltung" (z. B. durch Veranstaltung der Europäischen Fledermausnacht Ende August an vielen Orten). Abschließend wird auf die Förderung von Forschungsprogrammen zur Erhaltung und Hege von Fledermäusen und die Berichtspflicht gegenüber der EU hingewiesen. Jede Vertragspartei gibt regelmäßig einen Bericht über den aktuellen Zustand der Feldermausfauna und geleistete Schutzmaßnahmen ab. Auf Vertragsstaatenkonferenzen werden Fortschritte im Fledermausschutz vorgestellt und diskutiert sowie über Änderungen und Ergänzungen des Abkommens beraten und abgestimmt.

Vorrangiges Ziel der **Fauna-Flora-Habitat-Richtlinie (FFH-Richtlinie)**, Richtlinie 92/43/EWG des Rates vom 21. Mai 1992 zur Erhaltung der natürlichen Lebensräume sowie der wild lebenden Tiere und Pflanzen, ist die Erhaltung der in Europa vorhandenen biologischen Vielfalt bzw. deren Wiederherstellbarkeit. Dies soll durch den Aufbau des europaweit vernetzten Schutzgebietsystems Natura 2000 geschehen. Der Anhang II beinhaltet „Tier- und Pflanzenarten von gemeinschaftlichem Interesse, für deren Erhaltung besondere Schutzgebiete ausgewiesen werden müssen". Für einen Teil der Arten – in Anhang II als „prioritär" gekennzeichnet – kommt der Gemeinschaft in besonderem Maße Verantwortung zu. Als Richtlinie gilt die FFH-Richtlinie nicht unmittelbar, sondern bedarf der Umsetzung durch die einzelnen Mitgliedsstaaten. Dies ist durch das Bundesnaturschutzgesetz und die Länder-Naturschutzgesetze geschehen. In Anhang II der FFH-Richtlinie, für die Schutzgebiete ausgewiesen werden müssen (Sommer-, Winterquartiere einschließlich Gebäude, Jagdgebiete), stehen Große und Kleine Hufeisennase, Großes Mausohr, Teichfledermaus, Wimperfledermaus, Mopsfledermaus. Anhang IV enthält „streng zu schützende Tier- und Pflanzenarten von gemeinschaftlichem Interesse, darunter alle übrigen Fledermausarten. Die FFH-Richtlinie fordert eine regelmäßige Berichtspflicht, Bestandsüberwachungen der Populationen, Nachweise über das Erreichen von Schutzzielen in den FFH-Gebieten und Verträglichkeitsprüfungen bei Eingriffsvorhaben mit strenger Abwägung der Erheblichkeit des Eingriffs auf betroffene Lebensräume und Arten.

Biotopschutz für Fledermäuse

An dieser Stelle sind die Fledermauslebensräume mit ihrer Bedeutung, den Gefährdungen (soweit noch nicht vorne im Buch angesprochen) und den wichtigsten Erhaltungszielen und Pflegemöglichkeiten dargestellt.

Fledermausschutz in Wäldern

Grundsätzliche Ziele für „Fledermauswälder":

▶ Orientierung am Standort: Auswahl standortheimischer Baumarten in natürlicher Mischung.

▶ Langfristiger Umbau von Nadelholzreinbeständen in standortgerechte Mischwälder oder Laubmischwälder.

▶ Abwechslungsreiche Bewirtschaftungsweise; z. B. Plenterung dort, wo von der Baumartenzusammensetzung her möglich; Gewährenlassen von Sukzessionen nach Sturmwurf oder Baumernte; Nutzungsverzicht für einen Teil der Altbäume; entsprechend der Dynamik im Wald Veränderungen in der Baumartenzusammensetzung zulassen.

▶ Strukturanreicherung im Wald durch Gewässer, blütenreiche Weg- und Waldränder, Lichtungen usw.

Wald und Umland im Verbund Ein Forschungsprojekt zu Ökologie und Schutz von Fledermäusen in Wäldern zeigte an vielen Beispielen deutlich, dass die Einbindung und enge Verzahnung des Waldes, gleich welcher Auspragung, in die und mit der sie umgebende(n) Landschaft möglicherweise von entscheidender Bedeutung für Fledermäuse ist. Der Fledermausschutz im Wald darf sich deshalb nicht auf den Ausschnitt „Wald" allein beschränken, sondern muss die ganze Landschaft mit einbinden und als Gesamtheit sehen. Deshalb sind zu fordern:

▸ Eine übergangslose Anbindung des Waldes an Strukturen in der freien Landschaft: Hecken, Knicks, Wallhecken, Baumreihen, Feldgehölze, Gebüschgruppen, Bäche mit Galeriewald und Bach begleitende Vegetation, Gräben, Tümpel, stufig aufgebaute Waldränder, Alleen, Streuobstbestände, Obstbaumreihen usw. Solche Strukturen müssen als Verbundelemente zwischen isoliert liegenden Waldstücken unbedingt erhalten und dort, wo nicht mehr vorhanden, wieder hergestellt werden. Fast alle einheimischen Fledermausarten nutzen diese Landschaftselemente u. a. als Nahrungshabitate und Leitstruktur (s. u.).

▸ Förderung von Strukturen im Wald entlang von Waldinnenrändern, Wegen, Schneisen usw. durch blüten- und damit insektenreiche Säume. Die Besiedlung eines Waldes hängt also möglicherweise nicht nur vom Quartier- und Nahrungsangebot im Wald selbst ab, sondern ganz wesentlich auch von den Strukturen, die Fledermäuse aus der freien Landschaft dorthin führen können.

Fledermausschutz an Gewässern

Bedeutung von Fließgewässern: Leitlinienfunktion für großräumige (wandernde Arten) wie kleinräumige Beziehungen (zwischen Quartieren und Jagdbiotopen) als Jagdhabitate, Quartierfunktion (Baumhöhlen).
Gefährdung: Gewässerbauliche Veränderungen, Gewässerverschmutzung.
Entwicklungsziele, Schutz und Pflege: Erhaltung des Fließgewässercharakters; Erhaltung der natürlichen Flussdynamik; Rückführung verrohrter bzw. begradigter Wasserläufe in einen naturnahen Zustand; Gewährung eines durchgängigen Luftraumes über dem Fließgewässer (für Insektenschwarmflüge inkl. Jagdmöglichkeiten für Fledermäuse); Erhaltung und Verbesserung der Wasserqualität; Erhaltung und Wiederherstellung Gewässer begleitender Gehölzbestände (mit ausreichendem Luftraum über dem Wasserspiegel als windgeschützte Flug- und Jagdräume).
Bedeutung stehender Gewässer: Wichtige Jagdgebiete für viele Fledermausarten.
Gefährdung: Totale oder weitgehende Vernichtung; Gewässerverschmutzung, Überdüngung; Folgen intensiver fischereilicher Bewirtschaftung; Störungen durch Sport- und Erholungsaktivitäten.
Entwicklungsziel, Schutz und Pflege: Erhaltung und Verbesserung der Wasserqualitäten; Erhaltung bestehender, zusätzliche Anlage neuer Gewässer (als Ausgleich für die hohen Verlustraten); Erhaltung und Wiederherstellung der Ufervegetation (Windschutz); Erhaltung und Wiederherstellung hinführender linearer Leitstrukturen (Baumhecken, Waldränder, Bäche mit Baumbestand etc.).

Fledermausschutz in Hecken, Gebüschen und Feldgehölzen

Bedeutung: Als Jagdbiotope v. a. im Windschutz, von herausragender Bedeutung als Leitstrukturen zwischen Quartier(en) und Jagdbiotopen.
Gefährdungsursachen: Hauptgefahr ist die Totalbeseitigung durch Bereinigungsmaßnahmen; Ablagern von Abfällen; Anpflanzen von Ziergehölzen und anderen nicht standortgerechten Pflanzen.
Entwicklungsziele, Schutz und Pflege: Das Alter ist wertbestimmend; ältere Hecken zeichnen sich durch größere Artenmannigfaltigkeit aus; wertsteigernd sind breite (mindestens 4, besser

10 m) nicht oder extensiv genutzte Wildkraut-
säume, v. a. an den Südrändern der Heckenrei-
hen (Besonnung, Windschutz). Gezielte
Anlage von Hecken als Verbindungselemente
zwischen innerörtlichen Quartiermöglichkeiten und außerörtlichen Jagdgebieten (Wälder,
Gewässer etc.); bei Neuanlage von Hecken nur
standortgerechtes, autochthones Pflanzenmate-
rial verwenden.

Fledermausschutz in Streuobstbeständen

Bedeutung: Als Quartiere von Baumhöhlenbe-
wohnern, Jagdbiotope, Zwischenjagdgebiete,
Leitelemente zwischen Quartierort und Jagdgebieten.
Gefährdung: Totalbeseitigung und fehlende
Verjüngung; Ersatz durch Intensiv-Obstplanta-
gen, i.d.R. Niederstammkulturen.
Entwicklungsziele, Schutz und Pflege: Erhaltung
und Schutz aller noch vorhandener Streuobstbestände, insbesondere von großflächigen Vorkommen; kein Gifteinsatz. Durch abschnittwei-
ses, z. T. erst sehr spätes Mähen lässt sich der
Biotop für die Fledermausernährung verbessern (Vergrößerung der Insektenvielfalt); dicht-
bepflanzte Obstwiesen bieten mehr Windschutz und sind als Fledermausjagdgebiete
attraktiver.

Siedlungsbereich als erhaltungs-
würdiger oder entwicklungsfähiger
Biotopkomplex

Der Siedlungsbereich stellt ein Gemenge von
verschiedenen Biotoptypen dar, die meist auch
außerhalb der Dörfer und Städte vorkommen
(Ausnahme: fledermausgeeignete Dachböden
und Keller). Gegenüber dem Umland zeichnen
sich Städte vor allem durch ein im Durchschnitt wärmeres Mikroklima aus, was insbesondere in der kälteren Jahreszeit gerade für
Fledermäuse von entscheidendem Vorteil sein

kann. Für den Fledermausschutz bedeutsame
Biotope sind: Gehölzbestände in Parks, Fried-
höfen, Gärten, Alleen, Obstgärten; Brachen,
Ruderalflächen; Wiesen; staudenreiche, unbe-
giftete Gärten; offene Gewässer mit Begleitve-
getation, u. a. mit Gehölzen; bestimmte Gebäu-
deteile (s. Fledermausquartiere an und in
Gebäuden).
Bedeutung: Sämtliche Quartiertypen, Jagdbiotope.
Gefährdung: Verluste in und an Gebäuden
durch Bekämpfungsmaßnahmen aus Gründen
der Sauberkeit oder aus Angst; Renovierungen;
veränderte Bauweise; unverträgliche Bau-,
Dämmstoffe sowie Schutzanstriche; ungesi-
cherte Rohre und Schächte etc.; Flächenver-
luste durch Siedlungsverdichtung und Auswei-
tung des Siedlungsgebietes.
Entwicklungsziele, Schutz und Pflege: Für den
Fledermausschutz wichtige Biotope sind,
soweit ihr Bestand bedroht ist, sicherzustellen
(Unterschutzstellung); generelle Erhaltung von
alten Bäumen, artenreichen Altbaumbeständen
und Totholz; zur Verkehrssicherung müssen
andere Maßnahmen als das Beseitigen der
Bäume ergriffen werden; Einschränkung der
Flächenversiegelung im öffentlichen und priva-
ten Bereich; Reduzierung bzw. Einstellung von
Düngung und Pflanzenschutzmaßnahmen;
Extensivierung der Pflege (Mahd, Gehölz-
schnitt). Reduzierung des Flächenverbrauchs,
wobei auf ein hohes Maß an ökologisch wirksa-
men Strukturen zu achten ist (Fassaden-, Dach-
und Hofbegrünung, Belassen unversiegelter
Bereiche); Integration von Zielen des Fleder-
maus- und Artenschutzes in bestehende Pro-
gramme (z. B. Dorferneuerung, Energieeinspa-
rungsprogramm, Wohnungsbauförderung,
Stadtsanierung, Agenda 21; auch als Wettbe-
werbsbeiträge wie „Unser Dorf soll schöner
werden" oder Europawettbewerb „Eine Stadt
blüht auf"); vorbildliche Berücksichtigung des
Schutzes auf staatlichen, kommunalen Liegen-
schaften; aufklärende Öffentlichkeitsarbeit.

Die Qual der Wahl: Fledermausdetektoren

Detektortypen

Nach der Entdeckung des Fledermaus-Ultraschalls konnten die Rufe zunächst nur mit einem Hochgeschwindigkeitstonband aufgenommen werden, das dann bei niedriger Bandgeschwindigkeit abgespielt wurde und die Rufe hörbar machte. Seit den Siebziger Jahren gibt es handliche Detektoren, die Fledermausrufe direkt in den hörbaren Bereich übersetzen. In der letzten Zeit wird der PC zunehmend für 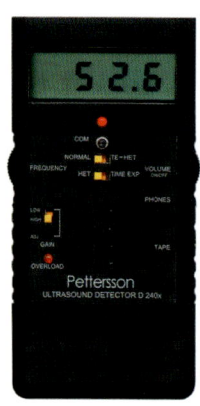 die Lautanalyse eingesetzt. Es gibt drei verschiedene Verfahren, nach denen Ultraschallsignale in den hörbaren Bereich umgewandelt werden können. In den hochwertigeren Fledermusdetektoren sind sie auch miteinander kombiniert.

Heterodyn-Prinzip (Mischer) Die empfangenen Ultraschallsignale der Fledermaus werden mit einer vom Detektor selbst erzeugten Schwingung gemischt. Verstärkt und hörbar gemacht wird die Schwingung, deren Frequenz dem Frequenzunterschied zwischen dem empfangenen Signal und der eingestellten Schwingung entspricht. Der Mischerdetektor macht, je nach eingestellter Frequenz, ein bestimmtes Frequenzfenster hörbar, in dessen Mitte die eingestellte Frequenz liegt.
Vorteil: Mischerdetektoren sind relativ empfindlich. Die Rufe werden klangvoll und charakteristisch hörbar, der Rhythmus der Signale ist in Echtzeit zu hören.
Nachteil: Die Amplituden- und Frequenzinformationen gehen verloren. Die Frequenzinfor-

mation ist nur aus dem eingestellten „Frequenzfenster" am Fledermausdetektor zu entnehmen. Dieses Verfahren ist nicht für die Lautanalyse am Computer geeignet. Außerdem können Signale außerhalb des „Fensters" nicht gehört werden, was dann durch ständiges Abfahren der Frequenz ausgeglichen werden muss.

Frequenzteilungsverfahren Die Frequenz des Ultraschallsignals wird elektronisch so aufgearbeitet, dass nur etwa jede zehnte Schwingung wiedergegeben wird. Ruffolgen und Rufrhythmen sind bei diesem Verfahren in Echtzeit zu hören. Zur Bestimmung der Hauptfrequenz muss jedoch auf den Mischermodus umgeschaltet werden.
Vorteil: Das gesamte von Fledermäusen genutzte akustische Spektrum wird gleichzeitig hörbar gemacht.
Nachteil: Die Informationsdichte ist um das Zehnfache geringer, Details in den Rufen gehen verloren. Dennoch lassen sich mit dem Teiler aufgezeichnete Signale relativ gut im Labor auswerten.

Rufdehnungsverfahren Das Signal wird zunächst elektronisch gespeichert, dabei werden die Signalfolgen digitalisiert in RAM-Speichern abgelegt und dann mit zehnfach verlangsamter Geschwindigkeit wiedergegeben.
Vorteil: Die Signale werden gedehnt, dabei bleiben alle Frequenz- und Amplitudeninformationen erhalten. Zeitdehnungsaufnahmen eignen sich besonders gut für die Lautanalyse am PC, spektroskopische Auswertungsverfahren und deren graphische Darstellung.
Nachteil: Der Rhythmus einer Rufsequenz ist nur schwer herauszuhören, deshalb werden „Zeitdehner" mit einem Teiler- oder Mischermodus ausgerüstet. Neuerdings ist der Detektor D240X mit einer Funktion ausgestattet, über die gespeicherte Signale im „Heterodyn-Modus" wiedergegeben werden können.

Die Nachtarbeit der Profis:
beobachten mit Infrarot ...

... oder einfach Spaß haben
mit dem Bat-Detektor!

Faszinierende Vielfalt – Artbestimmung üben

Die Ultraschal-Laute der Fledermausarten sind sehr variabel. In Abhängigkeit von der Umgebung und von der Situation können sie sich innerhalb bestimmter Grenzen unterscheiden. Bei der Arbeit im Feld ist immer zu bedenken, dass es nicht in jedem Fall möglich ist, die Signale eindeutig einer Art zuzuordnen. Alle Arten nutzen ein breites Band unterschiedlicher Rufe, sodass sich die Laute bereits innerhalb einer Art unterscheiden.

Wenn z. B. der Große Abendsegler *(Nyctalus noctula)* 100 m hoch im freien Luftraum jagt, ruft er mit höchster Intensität bei 20 kHz. Jagt er zwischen den Baumwipfeln, liegt die Hauptfrequenz bei 25 kHz und die Laute folgen schneller aufeinander. Nähert er sich einem Beutetier, wird die Folge der einzelnen Ortungslaute immer schneller bis zu einem Knattern, das dem Beobachter den erfolgreichen Fang eines Insekts anzeigt. Darüber hinaus verwendet diese Art Laute zwischen etwa 14 und 32 kHz zur sozialen Kommunikation. Generell ist eine Bestimmung nur möglich, wenn die Fledermaus über längere Zeit gehört und beobachtet werden konnte.

Arten, die zuverlässig mit dem Detektor bestimmt werden können (vorausgesetzt es liegen ausreichend Erfahrungen vor) sind:

▶ Zwergfledermaus,
▶ Mückenfledermaus,
▶ Breitflügelfledermaus,
▶ Teichfledermaus,
▶ Großer Abendsegler
▶ Rauhautfledermaus,
▶ Nordfledermaus.

Für folgende Arten ist eine sichere Bestimmung nur in Kombination mit einer weiteren Methode (Detektor und optisch, das heißt gegen den Abendhimmel, im Licht einer Laterne oder Taschenlampe) möglich:

▶ Großes Mausohr,
▶ Wasserfledermaus,
▶ Bartfledermaus,
▶ Kleinabendsegler,
▶ Mopsfledermaus,
▶ Zweifarbfledermaus.

Eine Feldbestimmung mit dem Detektor ist sehr schwierig bei Arten wie der Fransenfledermaus, der Großen und der Kleinen Bartfledermaus oder den Arten mit einem „Flüstersonar" wie den beiden Langohr-Arten und der Bechsteinfledermaus. Am umfassendsten kann man sich über Echoortung und Detektoranwendung bei der Bestimmung europäischer Fledermausarten in dem aktuellen Buch von Reinald Skiba (2003) informieren.

Literatur-Tipps

▶ BOYE, P., DIETZ, M. & WEBER,M. (1999): Fledermäuse und Fledermausschutz in Deutschland. Hrsg.: Bundesamt für Naturschutz (BfN), Bonn, 110 S.

▶ DIETZ, C., VON HELVERSEN, O. & NILL, D. (2007): Handbuch der Fledermäuse Europas und Nordwestafrikas, Biologie, Kennzeichen, Gefährdung. Kosmos-Verlag. Stuttgart. 399 S.

▶ DIETZ, M. & WEBER, M. (2000): Baubuch Fledermäuse. Eine Ideensammlung für fledermausgerechtes Bauen. Arbeitskreis Wildbiologie an der Justus-Liebig-Universität Gießen, 252 S.

▶ DIETZ, M. & WEBER, M. (2002): Von Fledermäusen und Menschen. Ergebnisse und Erfahrungen aus einem Modellvorhaben zum Schutz hausbewohnender Fledermäuse. Hrsg.: Bundesamt für Naturschutz. Schriftenvertrieb im Landwirtschaftsverlag Münster, 198 S.

▶ DIETZ, M., CASPAR, A. & ALTENBURGER, S. (ohne Jahresangabe): Fledermäusen auf der Spur. Eine Projekt- und Unterrichtsmappe für Kinder von 8–12 Jahren. Arbeitskreis Wildbiologie an der Justus-Liebig-Universität Gießen e.V. 202 S.

▶ GEBHARD, J. (1997): Unsere Fledermäuse. Hrsg.: Naturhistorisches Museum Basel, 4. überarbeitete Auflage, 72 S.

▶ GEBHARD, J. (1998): Das Feldermausbrevier Teil I und II. Sonderdruck aus Schweizer Tierschutz STS – Du + Natur, Heft 2/96, 4-43 und Heft 3/97, 4-40.

▶ GEBHARD, J. (1998): Fledermäuse. Birkhäuser-Verlag, Basel, 360 S.

▶ LIMPENS, J.G.A., ROSCHEN, A. (1995): Bestimmung der mitteleuropäischen Fledermausarten anhand ihrer Rufe. NABU-Umweltpyramide Bremervörde.

▶ MESCHEDE, A. & HELLER, K.-G. (2000): Ökologie und Schutz von Fledermäusen in Wäldern. Schriftenreihe für Landschaftspflege und Naturschutz, Heft 66. Hrsg.: Bundesamt für Naturschutz, Bonn, 374 S.

▶ MESCHEDE, A., HELLER, K.-G. & BOYE, P. (2002): Ökologie, Wanderungen und Genetik von Fledermäusen in Wäldern – Untersuchungen als Grundlage für den Fledermausschutz. Schriftenreihe für Landschaftspflege und Naturschutz, Heft 71, Hrsg.: Bundesamt für Naturschutz, Bonn, 288 S.

▶ NEUWEILER, G. (1993): Biologie der Fledermäuse. Thieme-Verlag, Stuttgart, 350 S.

▶ RICHARZ, K. & HORMANN, M. (2010): Nisthilfen für Vögel und andere Tiere. Aula-Verlag. Wiebelsheim, 2. korrigierte Auflage. 256 S.

▶ RICHARZ, K. & LIMBRUNNER, A. (2003): Fledermäuse – Fliegende Kobolde der Nacht. Kosmos-Verlag, Stuttgart, 3. überarbeitete Auflage, 192 S.

▶ RICHARZ, K. (2000): Auswirkungen von Verkehrsstrassen auf Fledermäuse. Laufener Seminarbeiträge 2/00, S. 71–84.

▶ RODRIGUES, L., BACH, L., DUBOURG-SAVAGE, M-J., GOODWIN, J. & HARBUSCH, C. (2008): Leitfaden für die Berücksichtigung von Fledermäusen bei Windenergieprojekten. EUROBATS Publication Series No.3 (deutsche Fassung). UNEP/EUROBATS Sekretariat, Bonn, Deutschland, 57 S.

▶ SCHOBER, W. & GRIMMBERGER, E. (1998): Die Fledermäuse Europas. Kosmos-Verlag, Stuttgart, 2. aktualisierte Auflage, 265 S.

▶ SIEMERS, B. & NILL, D. (2000): Fledermäuse. Das Praxisbuch. BLV, München, 127 S.

▶ SIMON, M. ET AL. (2004): Ökologie und Schutz von Fledermäusen in Dörfern und Städten. Schriftenreihe für Landschaftspflege und Naturschutz, Heft 76. Hrsg.: Bundesamt für Naturschutz, Bonn, 275 S.

▶ SKIBA, R. (2003): Europäische Fledermäuse – Kennzeichen, Echoortung und Detektoranwendung. Die Neue Brehm-Bücherei 648. Westarp Wissenschaften Hohenwarsleben, 212 S.

Fledermauszeitschriften (Auswahl)

▸ Fledermaus-Anzeiger. Viermal jährlich.
Bestellung: SSf – Stiftung zum Schutze
unserer Fledermäuse in der Schweiz,
c/o Zoo Zürich, Zürichbergstrasse 221,
CH-8044 Zürich.

▸ Myotis. International Journal of Bat Re-
search. Jährlich. Bezug: Zoologisches For-
schungsmuseum Alexander Koenig
Museumsmeile Bonn, Adenauerallee 160,
D-53113 Bonn.

▸ Nyctalus (Neue Folge). Herausgegeben im
Auftrag des NABU von J. Haensel. Viermal
jährlich. Bezug: R. Haensel, Brascheweg 7,
10318 Berlin.

Nützliche Adressen

▸ Bat Conservation Trust, 15 Cloisters Hause,
8 Battersea Park Road, London SW8 4BG,
United Kingdom

▸ EUROBATS, EU-Sekretariat für Fleder-
mäuse, UNEP/EUROBATS, United Nations
Premises, Martin-Luther-King-Straße 8,
53175 Bonn, Telefon: 0228/8152420-1,
Fax:–8152445, E-Mail: eurobats@uno.de
Internet: www.eurobats.org

▸ NABU, Charitéstraße 3, D-10117 Berlin;
Postanschift: NABU, D-10108 Berlin,
Telefon: 03028/49840, Fax: –2000,
E-Mail: nabu@nabu.de

▸ SSF – Stiftung zum Schutze unserer
Fledermäuse in der Schweiz
c/o Zoo Zürich, Zürichbergstrasse 221,
CH-8044 Zürich, allg. Auskünfte, Telefon:
044254/2680, Fledermausschutz-Not-
telefon: 079330/6060, Fax: –044254/2681

„Surf"-Tipps:

Infos zur jährlichen Fledermausnacht:
▸ www.batnight.de

Fledermausschutz international:
▸ www.batcon.org
▸ www.bats.org.uk
▸ www.fledermausschutz.ch
Fledermäuse regional (kleine Auswahl):
▸ www.flaus-online.de
▸ www.agf-bw.de
▸ www.fmthuer.de
▸ www.fledermausschutz-rlp.de
▸ www.fledermausschutz.de
▸ www.noctalis.de

Produkte

Fledermauskästen

▸ SCHWEGLER Vogel- und
Naturschutzprodukte GmbH
Heinkelstr. 35, D-73614 Schorndorf

▸ Natur- und Vogelschutzbedarf
Gerhard Strobel, Tulpenstr. 10,
71093 Weil i. Schönbuch-Breitenstein

▸ Vogelschutzgeräte, Rudolf Faulstich,
Hauptstraße 4, D-93336 Altmannstein

Fledermausdetektoren und weiterer Zubehör für die Fledermausforschung

▸ Barre-Ultraschall, Schneiderkoppel 21, D-
2410 Melsdorf, Telefon: 04340/1460
E-Mail: info@barre-ultraschall.de

▸ BVL Benedikt von Laar, Gut Klein Görnow,
Am Wendeplatz 2/3, D-19406 Klein Görnow
Telefon: 03847/451145, Fax: –451146
Detektoren, Audio-CD, Multimedia-CD,
Leuchten, Infrarottechnik, Rufanalytik-
Software u.a.

▸ ChiroTec, K. Kugelschafter, Hollergraben 27,
35102 Lohra, Telefon: 06462/912896, Fax: –
912897, Verhaltenssensorik. Technische
Geräte zum Erfassen von Fledermäusen,
auch Video-Überwachungssysteme.
E-Mail: info@chirotec.de
Internet: www.chirotec.de

Register

Mit 154 Farbfotos:
1 von **Dorothea Barre** (S. 122), 10 von **Eckhard Grimmberger** (S. 103 u., 104 o., 105 beide, 107 beide, 108 o., 109 o., 111 u., 117 u.), 3 von **Jürgen Gebhard** (S. 110 beide, 113 o.), 5 von **Heinz Kissling** (S. 96, 97, 98 o., 99, 123 re.), 9 von **Marko König** (S. 17 o. li., 35 o., 37, 38, 45 Mi. re., 45 u. re., 65 o., 101/102, 108 u.), 1 von **Dorothea Krull** (S. 69 u.), 56 von **Alfred Limbrunner** (S. 1, 13, 14 beide, 16, 17 u. re., 18, 22, 23, 24 beide, 25, 29, 33 re., 34, 39 re., 42, 43 beide, 44, 45 o., 46, 47 u. re., 48, 60, 61, 63 re., 66 re., 68, 72, 81, 85 beide, 86, 87 o., 88, 90 re., 92, 102 beide, 103 o., 104 u., 106 beide, 109 u., 111 o., 112 beide, 113 u., 114 beide, 115 alle drei, 116 beide, 117 o.), 19 von **Klaus Richarz** (S. 9, 21 u., 45 li. o., 45 li. u., 62, 64, 66 li., 69 o., 70, 71 o., 73 beide, 80, 84, 89 o., 90 li., 93 beide, 94), 1 von **Frieder Sauer/Frank Hecker** (S. 74), 1 vom **Senckenberg Forschungsinstitut und Naturkundemuseum**, Frankfurt (Foto SMF, Abteilung Messelforschung; S. 8) und 48 von **Thomas Stephan** (S. 2/3, 10, 11, 12, 17 o. re., 17 u. li., 19 beide, 21 o., 26, 27, 28, 30, 32, 33 li., 35 u., 36, 39 li., 47 o., 47 u. li., 49 beide, 52, 53 alle drei, 54 beide, 55, 56, 57 beide, 58, 63 li., 65 u., 67 alle drei, 71 u., 79, 82, 83, 87 u., 89 u., 91, 95, 98 u., 123 li.)

Mit 23 Farbzeichnungen:
2 von **Marianne Golte-Bechtle** (S. 6/7, 15) und 21 von **Wolfgang Lang** (alle Übrigen)

Alle Angaben in diesem Buch erfolgen nach bestem Wissen und Gewissen. Sorgfalt bei der Umsetzung ist indes dennoch geboten. Der Verlag und der Autor übernehmen keinerlei Haftung für Personen-, Sach- oder Vermögensschäden, die aus der Anwendung der vorgestellten Materialien und Methoden entstehen könnten.

Umschlaggestaltung von eStudio Calamar unter Verwendung von vier Aufnahmen: vorne: Braunes Langohr (*Plecotus auritus*) von Dietmar Nill, hinten von links nach rechts: Breitflügelfledermaus *(Eptesicus serotinus)* von Alfred Limbrunner, Befreien einer Wasserfledermaus *(Myotis daubentonii)* aus einem Netz von Klaus Richarz und ein Graues Langohr (*Plecotus austriacus*) von Alfred Limbrunner.

Unser gesamtes lieferbares Programm und viele weitere Informationen zu unseren Büchern, Spielen, Experimentierkästen, DVDs, Autoren und Aktivitäten finden Sie unter www.kosmos.de

FSC
www.fsc.org
MIX
Papier aus verantwortungsvollen Quellen
FSC® C005833

Gedruckt auf chlorfrei gebleichtem Papier

© 2011, Franckh-Kosmos Verlags-GmbH & Co. KG, Stuttgart
Alle Rechte vorbehalten
ISBN 978-3-440-12555-7
Lektorat: Stefanie Tommes, Julia Grimm
Produktion: Markus Schärtlein
Grundlayout: eStudio Calamar
Printed in The Czech Republic/Imprimé en République tchèque

KOSMOS.
Vielfalt der Natur entdecken.

Wildtierparadies Deutschland

In allen Landstrichen und Regionen Deutschlands gibt es viel zu entdecken, zu beobachten und zu erfahren. Dieser Band zeigt in brillanten Aufnahmen die Schönheit, Vielfalt und das Besondere unserer Wildtiere, darunter auch seltene Arten wie Luchs, Schreiadler oder Braunbär. Empfohlen von der Deutschen Wildtier Stiftung.

Ekkehard Ophoven | Deutschlands wilde Tiere
160 S., 238 Fotos, €/D 29,90
ISBN 978-3-440-11781-1

Vogelschutz vor der Haustür

Natürliche Nistmöglichkeiten für Hausrotschwanz, Blaumeise oder Spatz sind meist knapp. Selbst gebaute oder gekaufte Nistkästen können da Abhilfe schaffen. So fängt Vogelschutz vor der Haustür an und bietet dort die besten Möglichkeiten, die Vögel zu beobachten. Neben 15 Bauanleitungen werden 30 Gartenvögel vorgestellt.

Klaus Richarz | Ein Heim für Gartenvögel
80 S., 135 Abb., €/D 7,95
ISBN 978-3-440-12151-1

Preisänderung vorbehalten

www.kosmos.de/natur